建　筑　艺　术　系　列　丛　书

飘缈余蕴天国境

宗教建筑

丛书主编　王其钧
编　　著　王谢燕

中国建筑工业出版社

图书在版编目（CIP）数据

宗教建筑／王其钧主编．—北京：中国建筑工业出版社，2011.4
（建筑艺术系列丛书）
ISBN 978-7-112-13013-9

Ⅰ.①宗… Ⅱ.①王… Ⅲ.①宗教建筑－古建筑－建筑艺术－中国－通俗读物 Ⅳ.①TU-885

中国版本图书馆CIP数据核字（2011）第041399号

策　　划：赵　晨
责任编辑：张振光　费海玲
装帧设计：王其钧　刘　薇
责任校对：陈晶晶　姜小莲

建筑艺术系列丛书
宗教建筑
丛书主编　王其钧
编　　著　王谢燕
*
中国建筑工业出版社出版、发行（北京西郊百万庄）
各地新华书店、建筑书店经销
北京嘉泰利德公司制版
北京画中画印刷有限公司印刷
*
开本：889×1194毫米　1/20　印张：6⅗　字数：228千字
2011年6月第一版　2011年6月第一次印刷
定价：**48.00**元
ISBN 978-7-112-13013-9
（20382）

总序

随着我国经济的迅速发展，以及国民文化素质的飞速提高，越来越多的人对建筑文化产生了浓厚的兴趣。中国建筑工业出版社的原社长兼党委书记赵晨，一直十分关心建筑文化的普及工作，因此他特地和我谈到他的关于编写一套“建筑文化读本系列”丛书的想法。赵晨先生说，假如能够编写一套文字通俗、图片新颖、专业词语较少、专业内容准确，且是面对广大社会读者而不仅仅是专业读者的丛书的话，对于大众建筑文化知识的普及，一定会起到十分积极的作用。我很赞赏赵晨先生的这个策划建议，可以说我俩是一拍即合。

西方建筑史在西方艺术史中相比其他艺术门类，是艺术史学家争论最少的一个学科。尤其是西方古代建筑史，其分类和流派的划分，学者的观点基本一致。这和设计史，尤其是服装史研究领域，学者争论不休的情况大不相同。建筑毕竟是石头书写的艺术，实打实地矗立在那里。而且建筑的发展脉络清晰，前后演进关系明确。相比其他工业领域，建筑技术的发展也相对简单。中国建筑的历史与西方建筑史的情况基本相同，在梁思成、刘敦桢等学者 20 世纪上半叶从国外留学回国后开始奠基研究，并建立了理论框架体系。由于现存早期中国古代建筑的数量很少，因此从总的方面来看，学者争论不多。对于普通读者来说，介绍中外建筑历史应该说是比介绍其他艺术史相对更容易进行的一项工作。

因此，我不仅应允下来赵晨先生的这个要求，而且立即开始着手思考这套丛书的选题分类和内容编写。我自己的观点是，要把中外最具代表性的历史建筑实例介绍给读者。让读者在轻松的状态下，系统地了解国内外优秀的建筑实例和其主要发展历程。这套丛书不是教科书，不追求内容量大和系统全面，而是以让读者在兴趣中了解建筑的知识为目的。为了在较短的时间内完成这一任务，我特地邀请了在江苏、浙江、广东、北京、重庆等地的几位中年学者参与编写，这些学者都在国内外亲自调研过名建筑，他们有的从事建筑设计，有的从事结构设计，有的从事环境设计，还有的在大学教美术或其他相关课程，也有的人多年从事建筑历史与理论研究。多位学者的加盟合作，使本套丛书的内容更加新颖、丰富和多角度。我们尽力从优美图片和通俗文字的角度追求完美，但这个过程仍然是一个进行时态。尽管我们作了最大努力，但还不是最尽人意。不过，我还是希望大家能喜欢这套丛书。

王其钧

2010 年 12 月于中央美术学院

前言

觅得一份闲适的心情，寻得一本全新体验的好书，来品味中国独特的宗教建筑。

世界文明古国之一的中国，其悠久的历史文化醇厚绵延，见证着东方民族的骄傲，承载着太多深重的民族兴衰。宗教建筑就像一幅幅传神的画卷，记载着另一种风格特征的中国传统建筑的点点滴滴。当我们慢慢翻开那一页页精辟独到的文字和清晰鲜活的图片，我们也开始懂得欣赏宗教建筑的别致风韵。

中国的宗教建筑溯及久远，我们也为向读者传达最多的信息量，以新奇的手法来阐释宗教建筑，并以大量精彩的绘图带领读者进入一个深邃明理、温婉馥郁的宗教建筑之境。

翻开宗教建筑色彩浓郁的页面，会看到这里有静谧清幽的伊斯兰教建筑，气势恢弘的壁画，淡泊内敛的道教建筑，壮丽辉煌的佛教殿堂等等，如百花斗艳，齐来聚会。天国净土的缩影在这里呈现，人们向往的净土世界在这里展现，博大精深的佛理将更易于领悟，宗教建筑的神秘性也不再让人费解，因为宗教建筑艺术的表达方式已经对它作了注解。

王谢燕

2010年12月于花家地

目录

古韵深厚议宗教春秋
宗教建筑历史

佛教传入中国——东汉时期

宗教建筑是中国古代建筑的重要组成部分，具有强烈的民族性和地域性。随着历史的发展，它不断地从民间及域外建筑中吸收营养，创造出丰富多彩的建筑风貌。宗教建筑包括佛教寺院、道观、清真寺、石窟、古塔等，它们遍布中国山川大地，以大量的木构、砖石建筑体系，为中国、为世界留下了丰厚的文化遗产。

上华严寺

佛教是世界闻名的三大宗教之一，也是世界上信徒最多的宗教。佛教寺院作为佛教信徒举行宗教活动的场所，也是供奉佛祖与菩萨的神圣殿堂，还是僧人居住、修行之地。由此可见，佛教寺院同时具有供奉、参拜、念经、修行和僧人居住、生活等多种功能。

关于佛教传入中国的时间，历史上记述较细，且被社会普遍认可的，以东汉永平十年（公元 67 年）"明帝感梦求法"为佛教传入中国的标志。据说，在东汉永平年间，汉明帝夜里梦到一位脖子上有日光的神人飞到殿前，第二天，明帝把诸大臣请来，讨论梦的寓意，当时傅毅回答说："听说天竺的一位得道者，为佛，轻举能飞，万岁梦到的大概就是这位神。"明帝听后，便派遣使者张骞、博士弟子王遵、羽林中郎将秦景等十二人前往西域求访佛道。在这一年，印度僧人摄摩腾和竺法兰带着经书和佛像来到洛阳，开始翻译中国现存最早的佛教经典《四十二章经》，为佛教

承德普陀宗乘之庙红台

历史百科

[普陀宗乘之庙]

普陀宗乘之庙位于河北承德避暑山庄的北面，是一组仿西藏布达拉宫而建的藏、汉结合的佛教建筑群，这是乾隆皇帝为庆祝自己六十寿辰和其母亲八十大寿而营建的，始建于乾隆三十六年（1771 年）。位于白台上的大红台，是寺内的主要建筑。红台的侧面设有七层大小相同、排列有序的梯形真假小窗，中部还有红、黄两色作装饰的佛龛，色彩鲜艳光亮，象征着乾隆皇帝的六十寿辰。

的传播起到了重要的作用。

东汉末至魏晋南北朝时期，佛教在中国传播的将近400年的时间里，出现了一大批杰出佛教人士，如安世高、鸠摩罗什、道安、慧远等。他们的不懈努力，使佛教流传得更广、影响更大，把佛教更为详尽地介绍到了中国，为佛教在中国的推广传播，作出了巨大的贡献。随着佛教的广泛传播，佛教信徒日渐增多。隋唐时期是中国佛教史上一个光辉灿烂的时期，基于朝野对佛教的普遍信仰和频繁的译经、讲经等佛事活动，中国的佛寺开始了大规模的兴建。

僧人修行和居住之地，称为“寺院”，也称为“寺庙”。中国佛教寺庙大都建在远离繁华都市的幽禁秀美的自然名胜处。寺庙除了从事主要佛事活动的殿堂外，还设有塔院、禅房、僧舍、印经处等附属建筑，组合成建筑形式丰富的佛寺建筑群。并且每座殿内，大都分别供奉有佛像，以表对佛的忠诚，方便对佛教教义的阐述。

佛寺的建立，与外来僧人的活动地域以及当地统治者对佛教的态度直接相关。佛寺的布局以及单体建筑的形式，不仅受到外来佛教艺术的影响，而且受到本土建筑式样以及传统价值观念的制约。佛教中的寺，既包括通常说的寺庙、寺院，还包括石窟寺。还有一些纪念性的建筑，如造像塔、墓塔、经幢等，以及独立于丛林间的佛教精舍，里坊之中的僧坊等，均应归入佛教建筑的范畴。

石窟寺在东汉时经由西域传入我国，从地域分布上看，主要集中在中国西部地区，留存至今的石窟寺，仅新疆一地就有十余处数百个石窟，另在山西、河北、河南以及江苏、浙江、四川、云南地区也有少量的石窟寺。这些石窟寺都是依山开凿，利用雕塑、绘画等造型艺术来表现佛教中的佛、菩萨、力士、天王、金刚、供养人等形象，来进一步宣扬佛教，使更多的人崇拜佛教。石窟艺术，

建筑知识

[琉璃万寿塔]

琉璃万寿塔坐落于须弥福寿之庙的后部，建在一座方形的石台上，下部有一座精致的八角亭。塔为八面，每面都镶有绿色的琉璃瓦，正中各有一个拱形的佛龛，内部供有佛像。这座琉璃万寿塔矗立在山峦林海之中，在白云的映衬下，显得挺拔秀美，在阳光的照射下，显得光彩夺目。

承德须弥福寿之庙万寿塔

酝酿玄妙神秘精彩

佛教建筑总论

佛教起源于印度。大约是在公元前6世纪至公元前5世纪，古印度西北部喜马拉雅山脚下，有一个叫迦毗罗尔的小国。国王的儿子悉达多·乔达摩在一次出行时，看到许多人在生活的苦难中挣扎，受着无尽的煎熬，这引起了他的深思，于是他萌发出出家修行的念头，希望通过苦修使人们从痛苦中得到解脱，走上幸福的道路。他经过多年的探行苦修、深刻感悟，终于得道成佛，创立了佛教。之后，悉达多·乔达摩被尊称为释迦牟尼，意为"释迦"族的圣人。

释迦牟尼在世时，用了五十年左右的时间宣传佛教，他的足迹几乎遍布整个印度。他逝世后，他的弟子们反复记

建筑知识

[承德安远庙]

佛寺是佛教建筑的主要形式。承德安远庙是承德外八庙中的一个，位于河北承德避暑山庄的东面，始建于清乾隆三十年（1765年），是为新疆厄鲁特蒙古达什达瓦部迁居热河所建的。这座寺庙占地面积约26000平方米，现仅存山门和普渡殿。院内外有葱郁的树木围绕，使整座寺庙有一种浓郁的宗教气氛。寺内的普渡殿构筑特殊，屋顶上覆有蓝色的琉璃瓦，屋顶高度是整个建筑高度的三分之一，造型、尺度等要素构成了建筑的凝重肃穆气氛。

北京西山灵光寺佛牙舍利塔

承德安远庙鸟瞰图

诵、广泛传教，在整个古印度大地上传播。到公元3世纪，在孔雀王朝第三代国王阿育王的扶持下，佛教开始逐渐向印度以外的国家传播。至于佛教是何时传入中国的，历史上曾有过许多不同的说法，在众多的史籍记述中，也无定论。

佛教传入中国的初期，主要是翻译佛经，使这一从外域传入中国的宗教信仰，在社会得以较快地流传。上至王室皇族，下至普通百姓无人不知，这给佛教的发展奠定了良好的基础。后来，安息国太子安世高，从汉桓帝建和二年（148年）到汉灵帝建宁四年（171年）的二十多年时间里，把别人译出的《大安般守意经》、《阴持入经》、《百六十品经》等三十余部经书，运用“数法”把佛教经典中名目繁多的概念用数字分类，给初学佛经的人带来很大的方便。

随着佛教中国化进程的逐渐深入，各个宗派相继发展形成，如三论宗、净土宗、天台宗、法相宗、律宗、禅宗、华来宗等，他们各自确认自己的祖庭，为了壮大宗派还要多建立寺庙发展徒众。因此，经过千余年漫长的历史，越来越多的佛教圣地建立在辽阔的中华大地上。如天台、终南、虎丘、雁荡以及庐山、衡山、千山等都以悠久的历史文化，广泛的影响力，屹立在绮丽的自然风光之中，吸引着海内外大批的信士游子前去观瞻。五台、普陀、峨眉、九华四大名山，更成为举世闻名的佛教圣地。

▲ 释迦牟尼佛像

佛寺的名称在历史的发展中有不少的变化。早期叫做“僧伽蓝”，或者“僧迦罗摩”，意思是“僧众共居的园林”。其实汉字中“寺”的原始含义是指古代的官署，如鸿胪寺、太常寺等。佛教传入中国初期，中国原没有寺庙，由于外来僧人来到京师后，一般由官府安排下榻于鸿胪寺，后世便专称僧侣供佛读经的处所为“寺”。随着中国佛教的发展，佛寺的形式日渐增多，并被赋予不同的名称，如禅宗僧侣居住的地方称寺院，凿山供佛处称窟等。

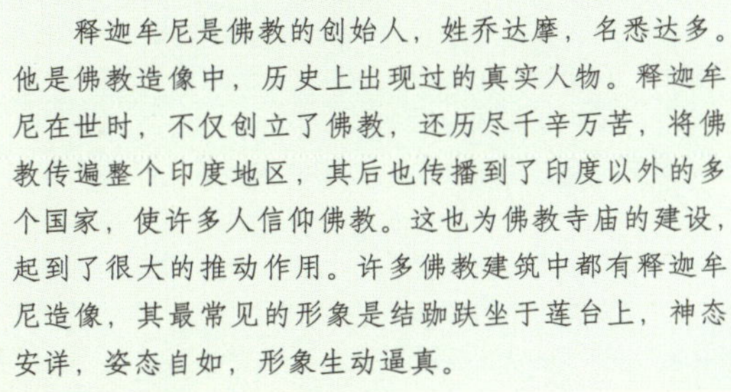

宗教文化

[释迦牟尼佛]

释迦牟尼是佛教的创始人，姓乔达摩，名悉达多。他是佛教造像中，历史上出现过的真实人物。释迦牟尼在世时，不仅创立了佛教，还历尽千辛万苦，将佛教传遍整个印度地区，其后也传播到了印度以外的多个国家，使许多人信仰佛教。这也为佛教寺庙的建设，起到了很大的推动作用。许多佛教建筑中都有释迦牟尼造像，其最常见的形象是结跏趺坐于莲台上，神态安详，姿态自如，形象生动逼真。

▼ 北京西山香界寺

开启历史木构建筑之门

五台山南禅寺

南禅寺位于山西五台县城西22公里的阳白乡李家庄村。寺内庙宇坐北朝南，迎面和背面各有一道山梁，寺旁树木繁茂、红墙绿树、溪水青山、渠水环绕、极为幽静。寺内建筑有山门、罗汉殿、龙王殿、菩萨殿、伽蓝殿、护法殿、观音殿和大佛殿等，围成一个四合院的形式。其中大佛殿是寺院的正殿，是唐代建筑原物，也是我国现存最早的木构建筑。根据椽栿下所记“大唐建中三年重修”等字样推算，距今至少已有1200多年的历史了。

宗教文化

[文殊乘狮像]

山西五台山南禅寺大殿内的十七尊塑像，神态各异，雕塑精美细腻。文殊菩萨骑狮像位于主像释迦牟尼的右边。文殊菩萨所乘石狮，张着大嘴，看起来似动非动，神态威武凶猛。文殊菩萨端坐在狮背上的莲花座上，面带微笑，身上的衣纹雕刻精细，右手执一条红色的丝带，是唐代雕塑艺术中的杰作。

大殿内文殊菩萨像

大佛殿为南向，平面近于方形，其面阔、进深各三间，单檐歇山式屋顶(上部两坡，下部四坡)，坡度非常平缓，是现存木结构古建筑中屋顶最平缓的一座。屋顶上部覆盖灰色筒瓦，正脊两端，吻的颜色和屋瓦相同，形状犹如一弯新月。南面明间设双扇板门，门的形状为规则的长方形，没有太多复杂的装饰，体现出一种简单美。左右开间各设一个接近于方形的破子棂窗，整齐垂直的木制窗棂，十分古朴，其他三面各砌檐墙。

南禅寺大佛殿

大殿外檐用12根木柱支撑屋顶，墙身并不负重，只起到间隔内外和防御风雨侵袭的作用。四周檐柱柱头微微内倾，四个角柱稍高，使得层层伸出的斗栱翘起。除前檐四

建筑知识

[大佛殿]

南禅寺大佛殿虽在现存的古代佛教建筑中尺度并不算大，但它是我国现存木构建筑中修建最早的一座。它的外观体现了唐代建筑的特点，因此是一座重要的木构建筑。唐代建筑的一个特点，就是柱高不逾间之广，也就是中心开间的宽度超过柱子的高度。南禅寺大殿就突出了这一重要特点。这座建筑采用的是歇山顶，上面覆有灰色的筒瓦，檐下设有斗栱，斗栱的颜色与墙体和门窗相互呼应，看上去非常协调。

南禅寺天王像

柱与后檐两角柱外，其余檐柱都砌入墙内。立柱的颜色与墙体颜色一致，表现出古朴的风格。大殿的梁架结构简单。明间前后檐柱之间用通梁，梁上立驼峰、斗栱并用托脚，以支撑平梁。平梁上托叉手，以叉手顶住屋脊。全殿比例优美匀称，是典型的唐代木构建筑风格。

进入殿内，里面没有一根柱子，也没有天花板，整体空间显得宽敞明亮。佛坛上原有佛像共17尊，大多为唐代彩塑，衣带飘飘，神情各异。这些体态丰满的佛像，是五台山最古老的雕塑。这些群像主次分明，错落有致，营造出佛界肃穆而和谐的氛围，个个神态自若，表情逼真，若动若静，栩栩如生，尽显雕塑艺术的完美，也是艺术中的精品。

南禅寺内目前只有大殿和台基保留了原构遗存，其余建筑都在明清时期重新修建过。南禅寺大佛殿立于白色的台基上，周围没有栏杆围绕，也没有其他装饰性物品的点缀。大殿的建筑规模虽不宏大，构架做法也非常简洁，但尽显一种娴熟的技艺。大殿的整体外观秀美，结构简练，尽显唐代建筑的古朴典雅，具有一种雄健的气势。佛像雕塑的精细塑造，更显雕塑艺术的精湛之美。亲临此寺，犹如一步登上中国寺庙历史文物的最高点，真有一种“念天地之悠悠，惟南禅而古老”的感慨。

宗教文化

[南禅寺佛像]

在十七尊佛像中，释迦牟尼是其中的主像，两旁分别是阿难和迦叶。主像左边的普贤菩萨身骑白象，它的前后各有两尊胁侍菩萨。站在后边的那尊胁侍菩萨脸型中长，头戴花冠，发带飘逸，面目白净，眼帘低垂，嘴角微翘，上身裸露，五指拈花，下身穿着长裤，赤脚站在莲花台上。整体看起来，该佛像站姿呈“S”型，给人一种自由奔放、浪漫潇洒的美感，是这座殿堂中最成功的一尊。佛坛四周嵌有砖雕70幅，是唐代砖面浮雕艺术中的杰作，颇具艺术价值。佛坛前还有两尊护法金刚，形象威武高大，仔细观看，还会发现左边的金刚头部有发带和蝴蝶结，由此可想见当时的女式装束。

大雄宝殿内释迦牟尼像

清幽古老誉中华瑰宝

五台山佛光寺

佛光寺位于山西五台山西路，始建于北魏孝文帝时期（471～499年）。当地人传说“先有佛光寺，后有五台山”。唐元和年间，这里就已是声望很高的寺院了。佛光寺是一座历史悠久、规模宏伟的佛教寺院，在佛刹中曾被称誉为“中华瑰宝”。寺内地势东高西低，东、南、北三面环山，所以寺因山势而建，坐东朝西。寺院分为上中下三层台地，台前砌挡土墙，在中轴线位置设上下台阶。寺内现有建筑物有唐大中十一年（857年）所建的大殿以及金天会十五年（1137年）所建的文殊殿等。晚期建立的普贤殿已毁。中轴线西端原有的山门，据传毁于清末，现为一所近代增建的小殿。整个寺区松柏苍翠，殿宇巍峨，环境清雅；寺院布局疏朗，排列有序。

佛光寺的大雄宝殿，是寺内的正殿，也称东大殿，位于全寺的最后部，中轴线东端、上层台地正中，坐东朝西。殿前有繁茂的松柏，殿后是山崖。东大殿是现存唐代殿堂型木构架建筑中最古老、最典型、规模最宏大的代表作，比南禅寺大殿的规模要大出很多。大殿平面为长方形，面阔七间，进深四间。屋顶为单檐庑殿，屋坡也很缓和。大殿的构架特点，主要是由上层、中层、下层三层叠加而成。其中上、

建筑知识

[佛光寺东大殿]

山西五台山佛光寺东大殿坐东朝西，面阔七间，进深四间，是现存唐代建筑中规模非常宏大的一座。大殿柱头上的斗栱硕大雄壮，总高几乎是柱高的二分之一，丰富了大殿檐下的装饰，也突出了唐代建筑斗栱的特点。屋顶正脊两端矗立着高大的琉璃鸱吻，使整座殿宇显得更加雄伟壮丽。

佛光寺东大殿

佛光寺祖师塔

中、下三层，各指屋顶的骨架、铺作层、柱网，即屋身骨架。

大殿的正面，前檐五间安装板门，板门上面有唐、宋、金、明时期的游人留下的题记。五间板门的两侧，各装有一个板棂窗，棂条垂直排列，特别整齐。殿前高大的石经幢立于唐乾符四年（877 年）。幢座为一个仰覆莲瓣形状，须弥座每面雕刻一人像，并能看出小人儿手持乐器在弹奏的姿态。石经幢上还刻有经文“女弟子佛殿主宁公遇，大

建筑知识

［祖师塔］

祖师塔坐落于佛光寺东大殿的南侧，是一座六角双层的砖塔，是北魏时所保存下来的珍贵遗物。塔下层为空的，可以由拱形门进入塔内。拱形门的上方，有一个单莲瓣形的装饰，使塔看上去更加精巧秀丽。上层的实心塔身中部，六角上各设一个精美的仰莲柱，柱间各设三朵开放的荷花，雅致美观。柱间还设有假门和盲窗，把整座塔装饰得丰富多彩，整体挺拔秀丽，是我国古建筑中难得的精品。

中十一年十月建造”的字样，这几个字，正是判断此殿修建年代的依据。

走进大殿的内部，可以看到大殿的正中偏后处设通长五间的佛坛，佛坛上面有三佛和菩萨、弟子、金刚等像共三十余尊。佛坛的正中央是降魔释迦像，左边是弥勒佛，右边是阿弥陀佛。阿弥陀佛是直发，而释迦、弥勒都有螺发。这三尊塑像，看上去面颊丰满，双眉弯曲，具有唐朝风格。弥勒佛和阿弥陀佛胸部和腹部的衣褶与结带非常逼真，而且与释迦和阿弥陀佛垂在佛座上部的衣褶具有一定的一致

佛光寺东大殿局部

佛光寺前院俯视

性，这也是唐代的固定形式，形象地表现了时代的风貌。菩萨立像姿态均向前倾，腹部略突起，腰部微微弯曲，这是唐代中叶以后菩萨塑像的特性。另外，供养菩萨的姿态均为一足蹲一足跪在高耸的莲座上，这种塑像造型在国内极其少见。依开间布置，大殿的左右梢间各是普贤菩萨骑象像和文殊菩萨骑狮像，这和通常文殊居左，普贤居右的配置完全不同。左梢间普贤菩萨骑象像位于弥勒佛左边，普贤菩萨左右两边各有一胁侍，前面有

历史百科

[东大殿壁画]

除建筑、塑像和墨迹之外，按我国古建筑通常提到的“四绝艺术”来讲，还缺少一项壁画艺术。壁画艺术也是东大殿内值得关注的一个话题。东大殿内柱额上的几幅壁画，也是唐代留下的遗物。其中最为珍贵的是右次间内前额上的横幅。壁画颜色整体除石绿以外，都是深暗铁青色。壁画的正中是一组以佛为主，七菩萨胁侍为辅的画面。左右两组都是以菩萨为中心，每位菩萨的旁边又各有菩萨、天王、飞天等画面。壁画的其他各处还有一些披着袈裟的僧徒，还有一些穿着官服的文官等，且各画像的衣纹姿态极其流畅，具有浓厚的唐代风韵。

佛光寺东大殿斗栱

历史百科

[祖师塔的由来]

祖师塔是一座空石塔，相传是创建佛光寺的主持和尚墓塔，俗称祖师塔。梁思成先生曾在敦煌绚丽多彩的壁画中，看到一幅五台山描绘图，其中就绘有一座他不曾见到过的宝塔。后在1937年的夏天，梁思成先生来到五台山，在佛光寺终于找到了这座宝塔，经过了那么多年的风风雨雨，塔身依然完整。这座塔是北魏的遗物，双层六角，上实下空，是我国古建筑中的珍品，也是中国和印度古代文化交流的纪念碑。

力士牵象。大殿的右梢间是文殊菩萨骑狮像，也由一力士牵着狮子，两个菩萨胁侍。佛坛上的佛像排列协调有序，人物雕塑形象逼真，具有较高的欣赏价值。

大殿的两梢间内的前端角上，都立有护法金刚。这些护法金刚和唐墓出土的武俑形态十分相似，只是比出土的武俑高大得多，而且个个形体魁梧、身披甲胄、手持宝剑、怒目而视。

佛坛的周围有296尊罗汉彩绘塑像，根据东大殿前明代嘉靖三十七年（1558年）十月二十三日重修佛光寺补塑罗汉碑所记，确是明代作品。东大殿左右四梁下如："敕河东节度观察·个·置等使检校工部尚书兼御史大夫郑"、"执笔人李行儒"、"功德主上都送供女弟子密公遇"、"助造佛殿泽州功曹参军张公长"等唐人遗留题字，保留至今，仍清晰无比，是不易多得的唐人墨迹。

建筑艺术区别于其他造型艺术的重大特点，就是其空间的构成。佛光寺大殿为我们了解唐代建筑内部空间结构，起到了重要的作用。大殿的构架各部分之间，有明显的比例关系。比如说面阔为进深的两倍，明间间广等于平柱的高等，表明构架设计中已经形成一套既定的程式与手法，来控制建筑物的总体比例，体现了结构与艺术的完美统一。

佛光寺正谊牌坊

以建名天下显盛世风貌

天津独乐寺

独乐寺位于天津蓟县西大街路北，靠近县城西门。独乐寺早期的布局和规模现已无从查考，目前寺内的建筑有山门、观音阁，阁后的韦陀亭，及一组小型四合院。山门和观音阁之间院落内东西两面各有一座配殿，在观音阁东北角还有一组小院落，称为“座落”。这个院落里面只有三间小殿，当时是清帝谒陵的行宫。观音阁西部院落原为僧房，现已改作文化馆。从现在的位置看，当年独乐寺，在观音阁后大概不会有比其更重要的大型建筑了，因此，在这座寺院布局内，山门和观音阁是最主要的建筑。

独乐寺的山门是一座面阔一间，进深两间的单层建筑物，中部可以穿堂而过。整座建筑由台基、屋身、瓦顶三部分组成。台基上有十二根柱，以横四竖三的排列方式支撑屋顶。木柱采用了柱头微向内收，柱脚略向外的做法，这样可以起到稳定整个建筑的作用，这也是我国古代建筑的特点之一。屋檐下的斗栱硕大，高度相当于柱高的二分之一，可以起到承托横梁的作用。不仅丰富了檐下装饰，而且减轻了柱子的承重力。这样肥硕的斗栱，排列疏朗，显示了唐宋时期斗栱的特点。它的结构处理，具有许多实用价值，同时极具装饰性，使整座建筑物更加雄伟、富丽堂皇。山门的屋顶为庑殿顶，从脊到檐之间以舒缓的曲线相连，展翼如飞，使建筑物在庄严中略显高昂，表现出中国建筑独具特色的艺术效果。正脊两端的鸱吻，犹如飞翔的雏鸟，造型生动古朴，气势威武。

观音阁横剖面

宗教文化

[观音像]

天津蓟县独乐寺观音阁内的观音像，通高达16米，面带微笑，把慈祥的目光投向人间。观音像立于美丽的莲花座上，头上有十个小观音面相，由外到内，由下到上，错落有致，再加上本来的观音面相，组合成十一面，因此人们称它称为十一面观音。整个观音像雕刻之精细，设计之巧妙，与空间搭配之融洽，无不让后人产生敬佩之情。

观音阁建于辽统和二年（984年），面阔五间，进深为四间。从外观看，观音阁是一座两层的单檐歇山式楼阁，其实它的内部实为三层，中间层为暗层。

观音阁的围合采用内外两圈柱子，外檐之间除正面当中三间和背面心间采用格子门外，其他各间均为实墙，墙厚1米多。观音阁的建筑中部为一透层空间，人在地面层可以抬头看到顶部的藻井。上层平面在内柱间留有六角形空井，在当心间的内柱柱头与侧面中间的柱头各用抹角方一条。上层外檐柱间格子门及墙的位置与下层相同，内外柱间的空间完全敞开。外檐的外围还有一周平座环绕，为

建筑知识

[观音阁横剖面]

观音像立在高1米多的平台上，像高一直通达阁的第三层，姿态优雅，宏伟而不失精美。观音阁的构架由三层框架组成，每一层都形成各自的完整体系，均由柱、梁、额、斗栱四部分组合而成，中部顶层的藻井，为观音像的头部空间起到了很好的呼应与装饰作用。

观音阁内观音头像

登上楼阁礼佛的人们提供了观景平台。平座的下层有硕大的斗栱，这是宋代以前的建筑中，很少见到建筑形式。观音阁建筑结构中的柱子排列富有变化，没有采取直接贯通的方法，而是互相之间形成交叉，各层中部形成空井。这样的结构极富韵律感，也可使建筑稳固安定。

观音阁内正中有一座高1米多的佛坛，佛坛上立有三尊雕像，正中有一座高约16米的观音像，两侧各立有一尊

建筑知识

[观音阁纵剖面]

观音阁从外观上看，是两层歇山顶建筑，但从它的构架中，可以看出它的内部实为三层。在阁内部的西北角上，设有胡梯形式的楼梯，粗壮而古朴。前来观佛的人们可以通过一层的楼梯到达二层，观看观音像的上部。观音阁的内部框架中，布置了若干组斜构件，改善了框架的受力状况，使阁体更加稳定坚固。

胁侍菩萨。观音佛像通高近于阁高，由三层楼面从不同的高度环绕，阁内中部形成的天井，容纳佛身。佛身周围有两层栏杆，下层平面长方形，上层收小，形状改为六角形，在塑像头顶的上方还有更小的八角形藻井，与建筑内部空间结构紧密结合。从三层投入的光线，照亮佛像面部，其他部位光线较弱，烘托出一种神圣的宗教气氛。站在阁内，由下仰视，佛像周围的两层栏杆和一层藻井层层缩小，平面形式发生有规律的变化，极富韵律感。在层层递进的空间映衬下，观音佛像更显得高大威武。

观音阁采用石砌阶基，前设月台，三面设踏道各五级。月台上留有柏树一株，乾隆诗中称为“古柏镇前庭”。阁外墙用土坯砌成，下部用砖砌墙，内壁抹泥沙，上绘壁画，但现存壁画已非辽代所绘，为明代遗物。从阁的外观上看，其底座与山门一样，比较低矮；各层柱子均略向内倾；上为坡度平缓的歇山式屋顶。因此，其造型兼具唐朝的雄伟与宋代的柔和风格，在辽代建筑中很有代表性。

建筑知识

[观音阁外观]

观音阁外部的平座，就像是一圈阳台，使建筑的整体造型产生明显的凹凸感，建筑的上部更加轻盈。两檐角上悬挂的风铃，为高大雄伟的建筑，增添了几分轻巧秀丽，微风吹来铃声震耳，为建筑整体增添了音乐的旋律，使阁体本身又多了另外一分精彩。阁前的古柏、香炉等，透露出一种凝重的宗教气息。

◀ 观音阁正面

▶ 观音阁纵剖面

23

森严肃穆鬼斧神工

山西华严寺

华严寺坐落于今山西大同市西南隅，因属于佛教华严宗的庙宇而得名。始建于唐代，至唐武宗大举灭法时，曾被毁，在辽代再度重建。整座寺庙占地面积近3万平方米，规模宏大。明朝中叶，将该寺分为上华严寺和下华严寺，其两处建筑群相距不远，处于同一个大院落里。

华严寺打破了寺庙一般都坐北朝南的建筑模式，两个主殿皆坐西朝东。据说这与当时契丹族“信鬼拜日”的习俗有关。上下华严寺是在辽代建立的。契丹族统治者除了相信鬼神外，还特别崇拜太阳，把太阳当作神，作为民族的图腾。在他们眼里，草原、鲜花、牛羊都是太阳给的，都与太阳有关。一些宗教礼拜活动也必须朝着太阳，就连自己住的房屋，还有一些宫殿建筑都要朝东修建，门

建筑知识

[下华严寺院落]

山西大同华严寺内的建筑，尽显历史的沧桑。下华严寺院落内，有苍翠的古柏、鲜艳的花朵，为这千年仍存的古寺，添加了艺术的情趣，也增添了大自然的优美的气息。从下华严寺大殿的月台上向前看，东西配殿为两层的楼阁形式，侧面以砖墙围合，显现出山西的地方建筑特点。

华严寺地藏王菩萨

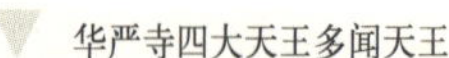

华严寺四大天王多闻天王

上华严寺院景

上华严寺大雄宝殿

窗也朝东开着。修建寺庙自然也不敢违背这一习俗，所以上下华严寺的庙门都朝东开。

整个寺院由上华严寺、下华严寺、海会殿三部分组成。目前上下华严寺尚存，海会殿现只有殿址，但从遗址可以看出，它是一座坐北朝南布局的汉式传统建筑。

上华严寺内有大雄宝殿、天王殿、观音阁、地藏王阁、钟鼓亭、配殿等建筑。各座建筑之间相互搭配，参差错落，共同构成一座精巧的院落。院落分前后两进，呈南北对称布局。其中，大雄宝殿是上华严寺的主体建筑，始建于辽代清宁八年（1062 年），辽宝大二年（1122 年）毁于兵火，到金代天眷三年（1140 年）进行重建。占地面积约 1500 平方米，建筑庞大，气势雄伟，是现存辽金时期最大的佛殿。

大雄宝殿面阔九间，进深五间，单檐庑殿顶，屋顶平缓，上覆黄色琉璃瓦。在高约 1.5 米的正脊两端，各立有高 4.2 米的鸱吻，尽显壮丽雄伟。屋檐下除门窗外，皆为厚实的墙体，墙体为红黄色搭配的朱红色，这种色调是重要宫殿建筑所特有的。大殿建筑运用了减柱法，以扩大室内空间，为布列佛像和进行佛事活动提供了宽敞的空间。内部屋顶设天花，绘有龙、凤、花卉等图案，色彩组合明亮艳丽，具有诱人的魅力，是难得的艺术珍品。殿的四周墙壁上绘有内容丰富的壁画，据壁画上题记记载，这些壁画绘制于清代光绪年间。壁画的内容是宣传佛教的传说和故事，包括佛讲经、佛传教故事等，色彩较天花更为华丽隆重。

历史百科

[上华严寺大雄宝殿]

大雄宝殿是华严上寺的主体建筑，始建于辽代清宁八年（1062 年），占地面积约 1500 平方米，是全国较大的一座佛殿。大殿檐下斗栱尺度硕大。殿顶正脊两端的鸱吻，高达 4 米多，整体呈龙形状，尾部向里侧微翘，壮丽雄浑，冠绝全寺，形状迥异于明清的鸱吻。殿前的月台宽敞，中央立有一个铁铸的八角焚帛炉，是明代万历年间的遗物，外形精巧美观，颇具艺术价值。

上华严寺大雄宝殿鸱吻

大雄宝殿内，正面佛坛上端坐着五尊金身如来大佛，佛高约 3.1 米。五尊佛像当中，中间三尊为木制，两侧两尊为泥塑，雕塑细致精美。五尊大佛为五方佛，意指东、西、南、北、中，他们各统治一方，分别静坐在高约 2.9 米的莲花宝座上，表情庄严慈祥，眉宇间意蕴含蓄，佛身全部用金装彩绘，看起来耀眼夺目，是国内不可易得的艺术精品。

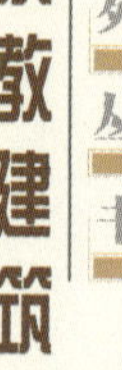

建筑知识

[储经殿上的拱桥]

储经殿上的拱桥造型优美，弯曲如彩虹，桥体上还设有栏杆，桥的中部建有楼阁，与储经殿壁藏上的楼阁相呼应。

在大雄宝殿的五方佛前左右两侧各有一长方形砖台，砖台上侍立着雕塑精美的二十天王塑像，他们姿态各异，表情不一，双手合十，身躯前倾，以示对佛的尊敬，充满着浓郁的宗教气氛。这些二十天王塑像都是明代雕塑，实属珍品。二十天王分南北两侧守持着佛坛，南排从东至西为：阎摩罗天、月宫天子、摩利支天、菩提树神、韦驮天神、大辩才天、摩醯首罗、广目天王、持国天王、帝释尊天。北排从东至西为娑竭罗龙王、日宫天子、鬼子母神、坚牢地神、大功德天、散脂大将、金刚密迹、增长天王、多闻天王、大梵天王。这二十天王恰似组成一支护法神团，使人肃然起敬，展现出弘扬正气的威严场面。

下华严寺位于上华严寺的东南侧，也分前后两进院落。两院落相比而言，前院比后院要宽敞一些。由前院登十五层台阶，穿过木牌坊就是后院。后院坐西面东，正中为大殿，称为薄迦教藏殿，是下华严寺内的主体建筑。薄迦教藏殿

建筑知识

[楼阁式藏经柜]

薄迦教藏殿内的拱桥楼阁式藏经柜，通体为木质结构，上有精美的雕刻和独特的设计。梁思成先生称之为“海内孤品”。两侧的重楼式壁藏，上层为佛龛，下层为经橱，中部连接两壁藏的拱桥中央，有一个设计精美的“空中楼阁”，犹如玉宇琼楼，精巧玲珑。精美的设计在我国木质结构中独树一帜，成为国内罕见的辽代木建筑小木装修中的杰作。

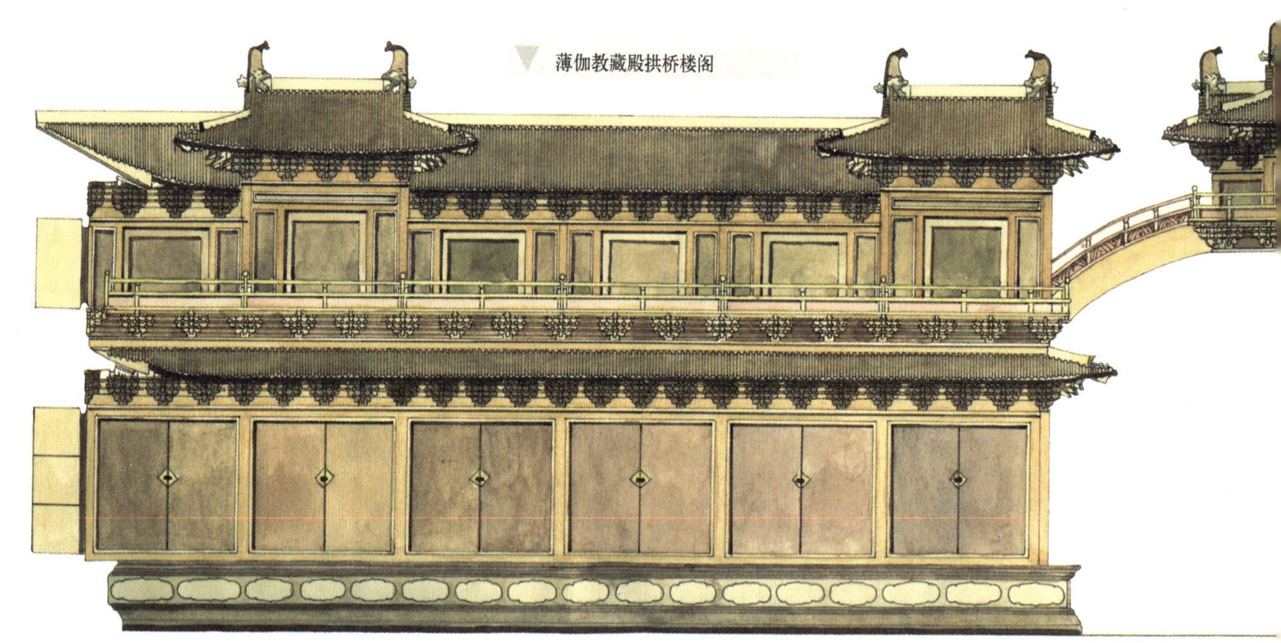

薄伽教藏殿拱桥楼阁

的正门上方有一个近于方形的匾额，匾额上刻有“薄伽教藏”四个大字。其中“薄迦”二字是印度梵文的译音，是佛的意思，“薄迦教”便是佛教，“薄伽教藏”就是佛教的经藏，薄伽教藏殿就是专门存储经书的殿堂。

▲ 下华严寺中院

薄迦教藏殿建于辽代重熙七年（1038年），是辽末保大之乱国后保存下来的不多的辽代建筑中的一座。这座建筑面阔三间，进深四间，屋顶为单檐九脊歇山式，屋面坡度平缓。正脊与大雄宝殿一样较为高大，正脊两端立有吻兽，整体颜色也和大雄宝殿一样采用朱红色。大殿外观古朴，形象庄重稳定，是我国传统木架结构的优秀实例。

薄迦教藏殿内也采用减柱法增大空间，但殿内的装饰与大雄宝殿截然不同。大雄宝殿色彩艳丽，金碧辉煌；薄迦教藏殿则含有浓郁的古代风韵，显得森严肃穆。大殿的正中，与其他殿一样，也有佛坛铺垫。佛坛上方主供三尊大佛，大佛端坐在莲花座上，神态端庄自然，表情庄严含蓄。这三尊大佛被称为“三世佛”，即过去佛、现在佛、未来佛。主佛的左右供有菩萨、童子和护法天王，共有31尊，都是辽代塑像。这些塑像神态各异，雕塑生动

逼真，表现了当时匠师的娴熟技法。这些塑像组成的场面是表现佛祖在给佛教弟子们讲经说法，弟子、供养童子，还有胁侍菩萨都聚精会神，在仔细聆听佛祖的讲经。从各自的表情看，似乎有的在仔细思索；有的好像还尚未听懂；还有的似乎已经明白了佛教的真谛。佛的四角，还有四大天王在护佛讲经，个个威武雄壮、气宇轩昂，以锋利的慧剑守护着千古神圣的三世佛坛。

在佛坛上众多的胁侍菩萨当中，有一尊合掌露齿的菩萨最为生动。这尊菩萨像上身微裸、衣带飘飘、头饰华丽、长发垂肩、面带微笑、体态优美，跣脚站在莲花台上，身体倾斜，好像正欲轻抬左脚，所以重心移向了右脚。衣带随风飘动，清丽动人，给人一种静中有动，动中有静的感觉，恰似一个温柔善良、充满青春活力的妙龄少女。塑像之传神，十分引人注目。在她的身上既表现了对佛教的虔诚，也显示出了普通人的情态，既端庄娴雅，又自然大方。因此，这尊菩萨像堪称为辽塑杰作。

据说关于这个合掌露齿的菩萨形象，还有一段动人的传说。传说，在辽代修建寺院工程时，有一个美丽聪慧的妙龄少女，曾在佛前许下心愿，决心参加营建寺院的工程，可是这工程不收女工，于是她便想办法，乔装打扮成男子形象，如愿进入营建工程，工程完毕后，准备在殿内添置塑像。正巧这时，女孩暴露了身份，在被人发现时，她转身含羞露齿微笑。塑像师被她的诚心和智慧所感动，也感于她那动

[天王塑像]

大雄宝殿内的天王彩色塑像，姿态各异，表情不一，均身躯前倾。双手合十，表示对佛的尊敬，充满着浓郁的宗教气氛。塑像个个衣衫整洁，线条流畅，颜色鲜艳多变。这些塑像为明代作品，极为珍贵。

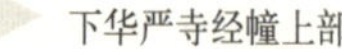

宗教文化

[合掌露齿菩萨]

这尊双手合掌露齿菩萨，是薄伽教藏殿众多菩萨像中，最为生动、最为引人注目的一尊，整体造型优美，姿态清丽动人。从双手合十的可爱动作中，可以看出其对佛的虔诚。活泼微笑的神情与动人的体态，集中了佛界与凡世的美好特质。

人的神采，便照她转身微笑的那一瞬间，塑造了这尊佛像。

在薄迦教藏殿内部，四周靠壁有两层精雕的楼阁式藏经柜。当时由于殿内后壁的中部要开窗，不得不将楼阁中断，设计者为保楼阁的美观，按照想象中的天宫式样，在中断处做成楼阁五间，以一架弯曲的拱桥与左右壁橱相连接，成为一座精巧的“天宫壁藏”。这座天宫楼阁正面做成三间小殿带夹屋形式，上为单檐歇山顶，脊两端各立有两个突出的鸱吻。檐下的斗栱也非常醒目，如层层堆积的云彩，排列有序，非常精美。飞虹拱桥上的栏杆被分成若干段，每段的图案均有变化。两侧拱桥连接的两层式楼阁，下层为面阔五间，基座为须弥座的形式，并以连续排列的壸门作为装饰，看起来极其美观。两层楼阁的上下连接处还设有平座，平座下部也设有连续的斗栱，与飞桥中部的小楼阁相互呼应。整座楼阁雕工精细，又玲珑富于变化，是国内现有惟一的辽代木构建筑模型，在中国建筑史上有相当宝贵的价值。

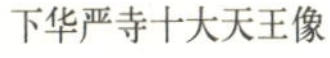
下华严寺十大天王像

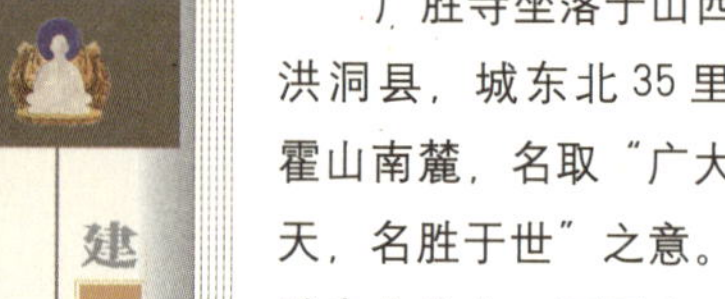

洪洞名胜巧夺天工

山西广胜寺

广胜寺坐落于山西省洪洞县，城东北35里的霍山南麓，名取“广大于天，名胜于世”之意。广胜寺分为上、下两寺，相距约半公里。上寺包括多进院落，主要建筑有飞虹塔、弥陀殿、大雄宝殿、韦驮殿、地藏殿、毗卢殿等。现存殿堂多为明代建筑，但殿内的佛像大多都是元代遗物。下寺由天王殿、水神庙、大佛殿等建筑组成。

广胜下寺原名为广胜寺下院，元代一次地震后，上下寺僧人开始各自建寺，这里就成了广胜下寺。整个寺院坐北朝南，坐落在山下一段坡地上，南低北高，由山门到大佛殿，地面逐渐升高。

下寺的主体建筑是大佛殿，也叫大雄宝殿或后大殿。大佛殿重建于元至大二年（1309年），面阔七间，进深八间，单檐歇山式屋顶。大殿前檐的中部三间设门，在门的正上方悬挂一块巨大匾额，上写“宝筏金蝇”，字体颇富古朴之风。整座大殿看起来威严宽宏，展现了元代建筑的风貌。

大佛殿的内部，建筑师采用了减柱法和移柱法，殿内仅有两根柱子，又把斗栱和爬梁构成一体，共同承受屋顶的压力，既节省了用材，又能使大殿内部显得宽阔疏朗。殿内供奉三世佛，佛身雕塑精细，面颊丰满，分坐于美丽的莲花台上，显得端庄肃穆。三世佛的两侧还有坐骑青狮的文殊菩萨像和坐骑白象的普贤菩萨像，这些塑像极具元

历史百科

[广胜寺]

广胜寺的修建年代非常久远，现今已无法考证。据说早在1800多年前，当佛教传入中国不久之时，这里便被佛家看中，大概于东汉桓帝建和元年（147年），奉敕开山建寺。广胜寺原名卢舍寺，又叫阿育王塔院，随着佛教的盛衰几度兴废。据文献记载，唐朝代宗大历四年（769年），汾阳王郭子仪奏请在旧寺故址重建寺院，改名为“广胜寺”。这座寺院也因“广大于天、名胜于世”，而吸引了无数的观光游客。

广胜寺大门

广胜寺山门殿

代雕塑风格。殿内的四面壁上，原绘有精美富丽的元代壁画，后在1928年被盗卖出国，现陈列于美国堪萨斯城纳尔逊艺术博物馆。现今只留有山墙上部的善财童子五十三参图，仍可窥见其独特的风貌。

上寺的年代较下寺稍晚，主要建筑均是明代所建。采用中国传统的中轴线布局，建筑群主次分明，排列有序。飞虹塔地处上寺前院中心，是一座高约47米的琉璃塔，是我国现存琉璃塔中比较高大的一座。这座塔在元代时因地震而毁，明正德年间，释僧达连大师决定四方募化重建此塔，经过十二年的修建，于正德十年（1515年）终于建成此塔。因达连大师法号“飞虹”，故称为“飞虹塔”。

这座飞虹塔平面呈八角形，通高13层，全部由青砖砌筑，由下到上逐层收缩。塔顶犹如一个宝瓶，造型优美流畅，给人以高耸入云又玲珑秀丽的美感。塔身二层往上，镶嵌彩色琉璃瓦。其中不仅有仿木琉璃斗栱、柱脚、额枋、

建筑知识

[广胜寺大门]

广胜寺上寺大门坐落在一个很高的台基上，面阔三间，上覆灰色筒瓦。门前正上方，悬有一个“广胜禅院”的牌匾，为黑底黄字，鲜艳夺目。两侧的楹联上分别写着：“飞虹宝塔迎日月光明普照广胜寺”和“藏经金版留禅院佛学流布大霍山”，生动描述了上寺的特点。院内的宝塔，就是被推崇为中国琉璃第一塔的七彩琉璃飞虹塔，高耸秀丽，是广胜寺的亮点之一。

建筑知识

[下寺山门]

广胜寺下寺山门也叫天王殿，面阔三间，进深两间，单檐歇山顶，檐下设斗拱，还设有倒挂的八角垂柱。整体造型虽比不上大雄宝殿的宏伟壮观，但也看上去古朴典雅，端庄肃穆，具有典型的元代建筑风格。殿前植有苍翠的树木，为整座建筑增添了浓郁的古朴气息。

飞虹塔释迦牟尼铜像

建筑知识

[释迦牟尼铜像]

飞虹塔底层所供的释迦牟尼铜像，高达5米，面容慈祥，姿态自如，静坐于塔中。铜像顶部，设有琉璃藻井，上面饰有人物、楼阁、盘龙等图案，丰富了飞虹塔内部空间。

垂花等建筑构件，还有房屋、楼阁、莲花、佛像、金刚、草木、人物、鸟兽等图案，形式各异，五光十色，色彩绚丽，在蓝天的映衬下，恰似飞虹。而且每层都有一组完整的内容，从上到下，毫无重复，给人无限的联想。在塔的每层檐角上，有龙头琉璃套兽，兽嘴中挂有风铃。微风吹过，风铃无拘无束地应风而动，为玲珑秀丽的飞虹塔，增添了异样的风采，妙不可言。宝塔不仅外观富丽堂皇，内部构造也别具一格。塔的底层内供释迦牟尼铜像，铜像高约5米。顶部装饰琉璃藻井，

飞虹塔

饰有楼阁、人物、盘龙，形象灵活，美不胜收。就连攀登的楼梯，也别致新颖，可至十层。这样的宝塔，让人感到美观壮丽，精美绝伦。

飞虹塔后是三座佛殿组成的院落，依次为弥陀殿、释伽殿（大雄宝殿）和毗卢殿，分别供奉不同经义所宗的佛像。飞虹塔之后的第一座殿就是弥陀殿。弥陀殿为明嘉靖十一年（1532年）重修，面阔五间，进深四间，单檐歇山顶。只在中央开间前后设门，四面皆没有窗。

上寺中殿为大雄宝殿，内供奉释迦牟尼，是佛教寺院的中心建筑。这座大殿重建于明景泰三年（1452年），为单檐歇山顶建筑。大殿正上方的匾额“光辉万丈”，是雍正为亲王时所题。现雍

广胜寺神威镇压

历史百科

[飞虹塔]

华严寺内的飞虹塔，建于明嘉靖六年（1527年），塔高约47米，为八角13层，外部造型由下到上逐层收缩，玲珑秀丽。塔身通体镶嵌各种颜色的琉璃装饰，在阳光的照耀下，颜色绚丽，色彩斑斓，折射出无数的光芒，为整座华严寺增添了光彩。飞虹塔的设计及装饰，使来这里的游客，不禁赞叹它的“鬼斧神工”，这座流光溢彩、巧夺天工的杰作，充分显示了当时匠人们的技艺和智慧。

正帝题字的匾额在全国只有两块，另一块在北京雍和宫。所以这块匾额可以称得上是镇寺之宝。殿内主供释迦牟尼，左右两侧是文殊和普贤菩萨，佛像均为木雕，体态丰满。佛龛上的木制雕刻，精雕细凿的狮、象、花卉等图案形象逼真，堪称明代木雕中的艺术精品。东面墙壁上是一幅极其生动的元代壁画，上面绘有天神、长老等人物。东西墙壁还绘有明代壁画。

上寺后殿是毗卢殿，又叫天中天殿。毗卢殿面阔五间，进深四间。内供毗卢佛，左右两侧为弥陀佛和药师佛，下方有观音、文殊、普贤、地藏王四大菩萨。大殿的四个角上还分别站立着四大天王，守持本殿。

飞虹塔琉璃装饰

建筑知识

[飞虹塔上的装饰]

飞虹塔不仅塔身外形设计精巧，塔上的装饰，更加丰富多彩，引人注目。特别是塔身的装饰，八面均饰有佛像、楼阁、花瓶等多组琉璃装饰，那些佛像通体全部用七彩琉璃制作而成，个个面带微笑，姿态生动逼真。塔的各檐下，分设有层层叠出的斗栱和层层递增的仰莲花瓣，使整座宝塔显得玲珑秀丽，高贵典雅。

宗教文化

[弥陀殿弥陀佛]

弥陀殿内主佛为铜铸的弥勒佛，东西两侧胁侍观世音菩萨和大势至菩萨。这两尊菩萨身材苗条、面庞丰满、衣带飘飘、姿态自如、比例适度。从前方看其体态为直立，从后侧面看则是身体前倾，使前来观看的仰观者对其少了一分畏惧，多了一丝亲切，在人与神之间的交流中，大大增强了宗教神灵的慈祥。殿内两侧还立有十几个古式藏经柜，当年里面装有大名鼎鼎的金版大藏经，现被珍藏在图书馆内。

广胜寺所在地，周围种植着青翠的松柏，再加上清澈的泉水，可谓是山青水秀。整个广胜寺在绿水青山的衬托下，更显得威严壮丽。

广胜寺喇嘛塔

西藏明珠高大宏伟撼人心

西藏布达拉宫

举世闻名的布达拉宫，耸立在西藏拉萨市的红山之上，海拔3700多米，占地面积36万平方米。它的海拔之高、规模之大，在许多方面创下纪录，是中国大型宗教建筑群的一个优秀实例。

布达拉宫始建于公元7世纪吐蕃王朝时期。据《旧唐书吐蕃传》记载，在松赞干布迎娶唐文成公主入藏后，曾"为（文成）公主筑一城，以夸后代"，这座建筑就是在红山顶营建的布达拉宫。随着连年战火，布达拉宫被毁，直到清世祖顺治二年（1645年），由达赖喇嘛在布达拉宫遗址上进行重建，从17世纪起就成为达赖喇嘛的冬宫。之后，陆续营建了安置达赖喇嘛灵塔的红宫和一般喇嘛教僧徒居住的扎厦，成为今日宏大的建筑群。

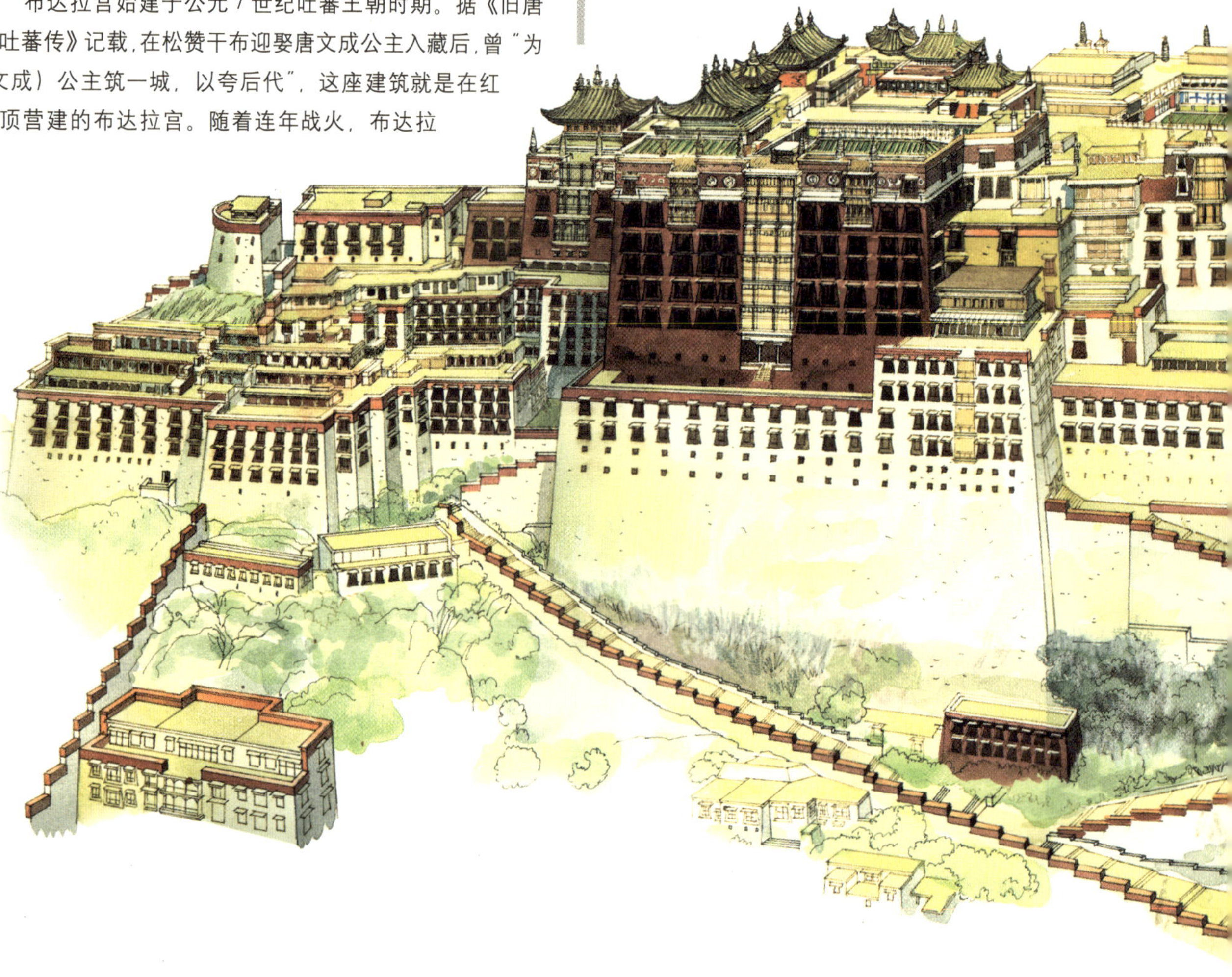

▲ 布达拉宫鸟瞰图

建筑知识

[布达拉宫红宫与白宫]

红宫与白宫是布达拉宫建筑群的主体部分，红宫位于白宫之上，整体依山垒砌而成，楼群重叠，气氛十分雄伟。布达拉宫是吐蕃赞普松赞干布为文成公主所筑建的，它是当今世界上海拔较高、规模相当宏大的宫堡式建筑群，不但是藏式建筑的典范，还是珍贵的典籍文物宝库。

布达拉宫壁画

布达拉宫墙体走道

布达拉宫依山垒砌，建筑规模宏大，是寺庙和宫殿双重功能合为一体的建筑。占地面积40多公顷，主要由宫前区的方城、山顶的宫室区及后山的湖区三大部分组成。其中，山顶宫室区建在山顶的最高处，以红宫和白宫并联在一起，构成布达拉宫的主体建筑。

红宫因外墙刷红而得名，位于宫堡区中部偏西的位置。红宫平面呈方形，共有九层。下面四层均包山而建，只有南面有房间，作贮藏用。第五层为可用空间，中央是一座大聚会殿，称为西大殿。大殿内四周的壁画中，还留有五世达赖进京觐见顺治帝的画面，是珍贵的历史记录。大殿的四周分布着世袭殿、持明殿、菩提道次第殿、普贤追随殿、释迦百行殿、五世达赖灵塔殿及一些佛殿。其中，位于中部的西大殿，是五世达赖喇嘛灵塔殿的享堂，也是布达拉宫最高的殿堂。在红宫最高处，耸

立着七座金顶闪闪的殿堂建筑，最主要的是佛殿和灵塔殿。这七座建筑屋顶都为歇山式，正脊处饰有金端，檐角设有狮形兽，全部用铜胎镏金，看上去格外耀眼。这七座金顶的建筑，在阳光的照耀下闪闪发光，为这组举世闻名的建筑群增添了光彩，使整个布达拉宫更显富丽堂皇。

建筑知识

[布达拉宫全景]

从远处看布达拉宫，楼宇重叠，像层层堆起的山峰。坚实敦厚的花岗石墙体上，一排排整齐有序的梯形窗，不仅使墙体变得更丰富更美观，也为宫内的空间起到通风透气的作用。红白两色的墙体，金碧辉煌的金顶，在阳光的照耀下交相辉映，有着色彩上的鲜明对比，这层层套接的建筑形式，形象地体现了藏族古建筑迷人的特色。

▲ 布达拉宫红宫宫顶

白宫也因外墙刷白而得名，位于布达拉宫东半部，处于红宫的两边，是达赖喇嘛处理政教事务及起居生活的宫室，主要由主楼、楼前庭院（东欢乐广场）及围廊组成。位于东部的白宫称为东白宫，高七层。位于第四层中央的

▼ 布达拉宫无量寿佛塑像

宗教文化

[无量寿佛塑像]

无量寿佛梵音阿弥陀佛，在藏传佛教中认为，无量寿佛是净土宗的主要信仰对象，人们称他为西方极乐世界的教主，可以接引念佛人往生西方净土。无量寿佛殿内的无量寿佛像，是一尊铜质镏金塑像，位于殿内北侧中央，结跏趺坐于法座上，面部朝向南方，头戴五佛冠，冠由蓝色和金色组成，颜色对比很强，使其看上去鲜艳无比。

布达拉宫全景

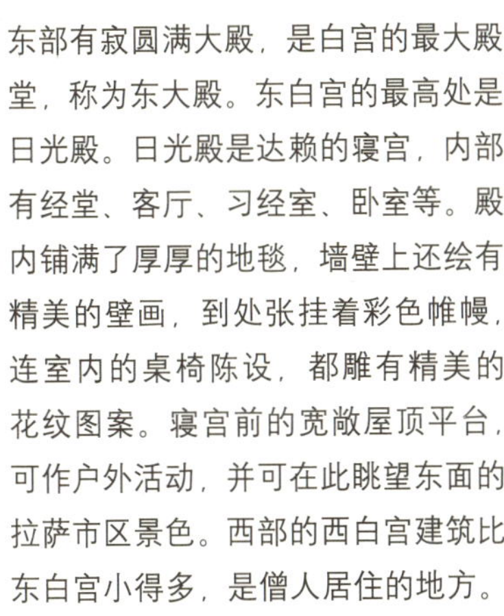

东部有寂圆满大殿，是白宫的最大殿堂，称为东大殿。东白宫的最高处是日光殿。日光殿是达赖的寝宫，内部有经堂、客厅、习经室、卧室等。殿内铺满了厚厚的地毯，墙壁上还绘有精美的壁画，到处张挂着彩色帷幔，连室内的桌椅陈设，都雕有精美的花纹图案。寝宫前的宽敞屋顶平台，可作户外活动，并可在此眺望东面的拉萨市区景色。西部的西白宫建筑比东白宫小得多，是僧人居住的地方。

西大堡是一座楼房，是布达拉宫的护法神殿。南坡上的僧房，因山势而建，逐层跌下，前面的屋顶就是后面建筑的室外平台。这种台阶式的建筑形式，是吸取民间坡地建筑的传统手法，既有利于采光通风，又利于交通，是一组合理利用地形的优秀实例。

布达拉宫的整体建筑在布局上都是随山就势。内部建筑虽多，但错落有致，布局合理，又能突出重点。外墙材料全部采用石头，与山岩浑为一体。建筑的修建方法，下宽上窄，基地平实，每座建筑的整体立面，看起来都像是一个梯形，给人一种稳定坚固的感觉。它集合了藏族各种建筑类型，精心安排，组成一个既有变化而又统一的整体。在色彩运用上，只在中央用红色，其上部点缀金顶，其他各处还用黄色和耀眼的白色作装饰。色彩强烈突出，给人一种明快艳丽的感觉。布达拉宫是有着强烈艺术震撼力的建筑艺术作品，是将藏族传统建筑形式与自然地形结合的最优秀的实例。

文成公主像

历史百科

[文成公主像]

文成公主是唐太宗的养女，知书识礼、博学多才，为促进汉藏两民族的文化交流，与藏族首领松赞干布联姻。在布达拉宫内，至今还保存有他们成婚的洞房。这尊文成公主像，展示了文成公主结婚时的穿戴，从文成公主那灿烂的笑容中，人们可以联想到当时汉、藏两族的团结友好。

文物汇集含历史之谜

北京雍和宫

雍和宫位于北京北二环路东段南侧，东临柏林寺，西与孔庙、国子监隔街相望，是北京现存规模完整的喇嘛庙。始建于清代康熙三十三年（1694年），原为康熙帝的第四个儿子雍亲王胤禛的府邸，胤禛继承皇位后，于雍正三年（1725年）将其改名为雍和宫。乾隆九年（1744年），雍和宫成为藏传佛教格鲁派寺院，其地位相当突出。

延绥阁侧面

雍和宫规模宏大，主要由三座精致的牌坊及雍和门、雍和宫殿、永佑殿、法轮殿、万福阁、延绥阁、四学殿、班禅楼等建筑组成。总体布局匀称，风格独特，既保留了明清时代皇宫和王府的形制，又融会了汉藏等民族的建筑风格。

雍和宫内的雍和宫殿面阔七间，是一座结构为单檐歇山顶，前出廊后带厦的建筑，为清代雍亲王会见大臣的地方。乾隆年间，雍和宫改为佛教寺院后，这座雍和宫殿就相当于一般寺院的大雄宝殿。大殿内正中供奉三尊近2米高的铜质主佛像，分别为过去的阿弥陀佛、现在的释迦牟尼佛、未来的弥勒佛。释迦牟尼佛的两侧，各立有他的两大弟子阿难和摩诃迦叶。这些雕塑形象逼真、面颊丰满、威严中带慈祥。殿内两侧各有一排红色的木质金花小宝座，上面端坐着18位罗汉像。这些罗汉像看上去与真人大小相等，全部采用“蒙麻脱沙”和“彩绘拨金”的手法雕塑而成，自然而雅观。虽然已历经时光多年，至今仍光彩夺目，为雕塑艺术中的精品。大殿的墙壁上还挂有大幅的千手千眼观世音、绿度母佛、白度母、大白伞盖佛母唐卡，把整个雍和宫殿点缀得更加富有色彩。

建筑知识

[延绥阁侧面]

雍和宫内的延绥阁，位于万福阁的左侧。延绥阁为重檐歇山顶建筑，顶部侧面的山花采用金色的绶带纹，两檐角下均悬挂小风铃，檐下的额枋上绘有蓝、绿、黄相间的旋子彩画，二层设有带有栏杆的观景平台，平台下饰有如意纹装饰，看上去鲜艳美观。远处的建筑屋顶上都安有金黄色的宝顶，使雍和宫内的建筑具有别样的装饰意趣。

法轮殿是雍和宫里的一座大的殿堂，是喇嘛们讲经说法、举行佛事活动的地方。法轮殿平面呈十字形，面阔七间，前轩后厦各五间，殿顶有五座天窗式暗楼。这种五座小顶的处理象征须弥山的五峰，是藏传佛寺建筑常用的手法。在每座暗楼的顶部，均建有一座铜镏金舍利宝塔，塔上悬挂着许多风铃，在微风的吹拂下，风铃左右摇动，美妙绝伦，使这些小塔更加玲珑俊秀。这种建筑形式融合了汉、藏两种建筑艺术的风格。

▲ 八角碑亭

建筑知识

［八角碑亭］

雍和宫内的八角碑亭，位于钟、鼓楼与天王殿之间，为一座重檐攒尖顶建筑，上覆黄色的琉璃瓦。八角碑亭两层檐的垂脊上，上部为一个有首有尾的龙形，下部均装饰有五个小型琉璃兽，看上去极其精美雅观。碑亭的每个檐角下，均悬挂有一个六角形的小风铃，轻风吹来时，风铃会发出清脆的铃声，为整座雍和宫增添更多的艺术魅力。

万福阁位于雍和宫的最后一进院落，是雍和宫内最高大的建筑物。这座建筑始建于乾隆十三年至十五年（1748～1750年）。万福阁的外观为三檐两层，阁体高大，因阁内供奉大弥勒佛像而又名为大佛楼。万福阁的东西两侧有永康阁与延绥阁左右对称而置，在第二层以飞阁跨空的方式与主体万福阁相连。相连处与主体万福阁相连的一端较高，东、西两端较低，从侧面看形成一个八字形。这种三阁相连的设计，就像神仙所居住的天国宫殿，因此，又称“天宫楼阁”。这种设计方法，与我国早期建筑华严寺中的楼阁式藏经柜非常相似，在唐代壁画中也可以见到。

▼ 昭泰门

万福阁内的木雕大弥勒佛像高达24米，佛顶直抵天花，占据了万福阁内的大部分空间。佛像在地面上的垂直高度为18米，还有6米深埋地下，是由七世达赖喇嘛进贡给乾隆皇帝的一整根白檀木精雕而成，也称木雕大佛。这尊大佛衣带飘然、雕刻精细、神情庄严，是不可多得的雕刻极品。在阁内还设有两层回廊，以楼梯相通，可以从不同高度瞻仰菩萨像。由于佛像高度直达天花，在阁内观瞻佛像必须仰视，更增加了佛像的高耸威严之感。

至高无上皇家寺庙风采

承德外八庙

外八庙是康熙、乾隆年间，出于政治原因，在河北承德避暑山庄东、北两面，相继修建的十二座规模宏大的藏传佛教寺庙。这些寺庙有普宁寺、安远庙、普陀宗乘之庙、殊像寺、须弥福寿之庙、广缘寺、广安寺、罗汉堂、普乐寺、普佑寺等十二座寺庙。"外八庙"名称的由来，根据《钦定理藩院规则》规定：北京、承德有四十座藏传佛教寺院，除北京三十二座之外，其余都在承德。而在承德的十二座当中，只有溥仁寺、普宁寺、溥善寺、安远庙、普陀宗乘之庙、殊像寺、须弥福寿之庙、广缘寺八处庙宇有定额喇嘛。这些喇嘛享受国家饷俸，被理藩院惯称"外八庙"。后来，把坐落于避暑山庄周围的十二座寺庙，统称为外八庙。外八庙内的建筑规模宏大、壮丽辉煌，为清代建筑艺术增添了新的光辉。

建筑知识

[普宁寺全景]

普宁寺就是俗称的大佛寺，位于承德避暑山庄东北三公里处，是山庄外所建的九座寺庙中的第一座。普宁寺是一座汉、藏建筑相结合的佛教寺庙，寺外被葱郁的树木围绕，寺内所有建筑的屋顶，均覆有黄色的琉璃瓦，显得富丽高雅、规模宏伟，不仅气势不凡，而且具有庄严肃穆的气息。

普宁寺南瞻部洲

普宁寺鸟瞰图

普宁寺

普宁寺为承德外八庙之一，是一座在苍松翠柏掩映之中的喇嘛寺庙。该寺始建于清高宗乾隆二十年（1755 年），为了纪念清政府平定准噶尔叛乱，并祝愿天下太平，所以

建筑知识

[大乘之阁]

普宁寺内的大乘之阁，是仿西藏扎囊县桑耶寺乌策大殿的形式修建的。阁体通高约36米，从建筑的北面看为四层檐，从南面看是六层檐，东西两侧下设抱厦为五层檐，顶部建有五座中间大四面小的方形小亭子，上面均覆以金黄色的大宝顶，看上去金碧辉煌。大乘之阁内的千手千眼观音像，通体是用木雕涂金漆制作而成，像高约23米，造型优美，生动逼真，在我国现存木雕佛像中可以称得上是最大的一尊了。

普宁寺院

取寺名为“普宁”。普宁寺坐北朝南，全寺的主要建筑都在一条中轴线上，分前后两部分。前部分建筑有山门、天王殿、大雄宝殿等建筑，属纯汉式寺庙建筑。在大雄宝殿之后，依靠山坡砌筑高台，高台上建造了另一种布局的建筑群，是依“西藏三摩耶庙之式”而建。

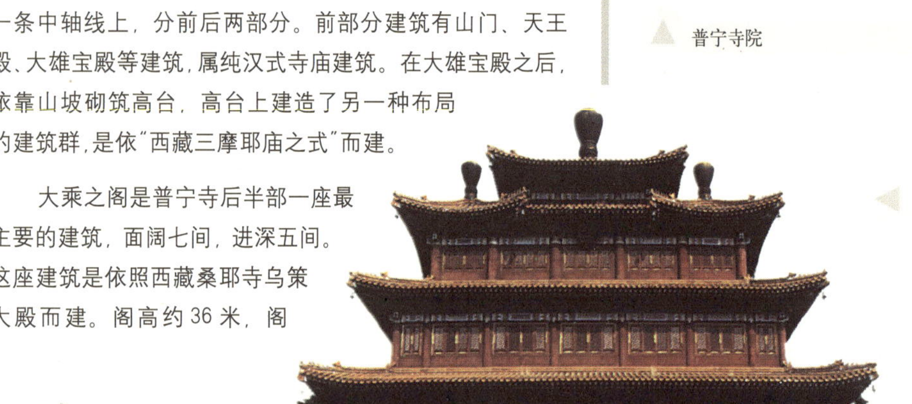

大乘之阁是普宁寺后半部一座最主要的建筑，面阔七间，进深五间。这座建筑是依照西藏桑耶寺乌策大殿而建。阁高约36米，阁

大乘之阁

檐六层，楼顶为中间大、四角小的五个方形攒尖屋顶。中间高，四角低，呈一个小曼陀罗的形象，以此代表佛教世界的中心——须弥山。五座屋顶用曲线相连而成，比例协调，刚柔适当，保存非常完好。五座屋顶的上方，各立有一个镏金铜宝顶，看上去金光闪闪，壮丽异常。从正面看，大乘之阁楼高六层；但从侧面看，阁高为四层。阁外的墙壁为红色，侧面设有白色的梯形盲窗，明显看出藏式建筑的艺术手法。屋檐使用黄色琉璃瓦，除屋檐外，其余建筑全部

大乘之阁内千手观音

大雄宝殿

建筑知识

[藏式建筑]

普宁寺内的藏式建筑，分建于大乘之阁的四周。这些建筑均坐落在一个很高的台基上，建筑本身均分为上下两部分，在这些建筑中，有的上层为白墙，下层为红墙；有的上层为红墙，下层为白墙；也有的上下都为白墙，建筑形式丰富，为普宁寺建筑组群的形式增加了更多的亮点。

宗教文化

[千手千眼观音]

大乘之阁内的主佛像为一尊木雕千手千眼观音菩萨。由于观音像体态高大，所以俗称大佛。大佛头戴佛冠，佛冠上镶嵌着一尊坐佛像，最上部还有一个立佛像，是大佛的师傅——无量光佛，顶在头上，以示尊敬。大佛的面部有三只眼睛，表示知道过去、现在和未来。颈上戴有木雕念珠，胸前佩戴金色的漂亮胸饰，与臂部和手腕上的珠圈相互对应，协调统一。大佛的正面双手合十，除此之外，左右还有四十只手，分别托日月、执武器和法器，每只手中还有一只眼睛。大佛身披袈裟，赤脚立于莲花座上，莲花座下还有很高的石雕须弥座。整个佛体通高有23米多，大概是我国现存木雕佛像中最高的一尊了。因为四十只手、眼，以佛经义中“二十五有”的积数就是千手千眼了，所以这座大佛被称之为千手千眼观世音菩萨。

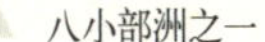

八小部洲之一

采用木结构，设计方法均采用汉族建筑的传统形式。阁外正面前檐上方挂有一块长方形匾额，匾上有用满、蒙、汉、藏四种文字书写的“上乘之阁”四个大字。下檐挂有横匾一面，上面写有“鸿庥普荫”四个汉文大字。这两块匾是向人们宣告，此处佛力浩大，佛法无边。佛永远在人们身边，为人间造福。

宗教文化

[普宁寺喇嘛塔]

在普宁寺大乘之阁的四周，建有四座喇嘛塔，两座在阁前，两座在阁后。这座塔就是四座喇嘛塔之一，塔由台基、塔身、相轮等部分组成。塔身有上、下两层腹肚，上面有莲花、法轮、佛龛等装饰，其中莲花表示佛生处，法轮表示佛初转法轮处，佛龛代表佛涅槃处。塔的相轮为十三层，上部有日宝盖的顶刹，外形精巧美观。

普宁寺喇嘛塔

普宁寺结合具体地形及汉地信仰习惯，以轴线为布局，前方后圆，后部象征佛教世界的部分建在山坡上，更好地体现了主、从建筑的布局关系。大乘之阁中的木雕千手千眼观音佛像，是用内部框架法制造，架外包镶砧板，再包衣纹板，最后进行雕刻，左右的手臂利用自重形成平衡，这在宗教造像技术上，确实是值得赞许的一项创作。

普乐寺

普乐寺建于乾隆三十一年（1766 年）。建庙前，西部大漠的蒙古人民，都信奉藏传佛教，蒙古族又是清朝入主中原政权的辅助力量，也处于防御北方侵略的最前线。因此，清政府特别重视蒙古、藏民族。于是乾隆下令修建了普乐寺。

大乘之阁不仅造型美观，内部设置也丰富多彩。除阁内正中耸立佛像外，大佛东西两侧还立有善财、龙女立像。东侧的善财童子长鬌赤臂，脚穿芒履。西侧的龙女衣着华丽，美丽无比。佛前金抱柱上挂有泥金字一幅，上面写有：“具大神能完十行，是真清净现三身。”根据这副楹联，传说中有人说，大佛及大佛左右的善财龙女立像，都是观音的化身。东侧的男像是他成佛之前的自性身，西侧的女像是他在江南渡化众生时的化身。大乘之阁的内部分为三层，二、三层为回廊，佛像正好置于回廊中部空井处，这样，周边的回廊，可以使前来参观的人们从不同高度瞻仰菩萨像，起到更多的辅助作用。

建筑知识

[普乐寺全景]

普乐寺坐落于河北承德避暑山庄的东面，是一座具有汉、藏两种建筑风格的佛教寺院，占地面积约 18000 多平方米，平面为规整的长方形。寺内前部分为汉式建筑，以中轴线两侧建筑相互对称的方式排列。后部为藏式建筑，以旭光阁为中心，四周分布藏式和汉式建筑。

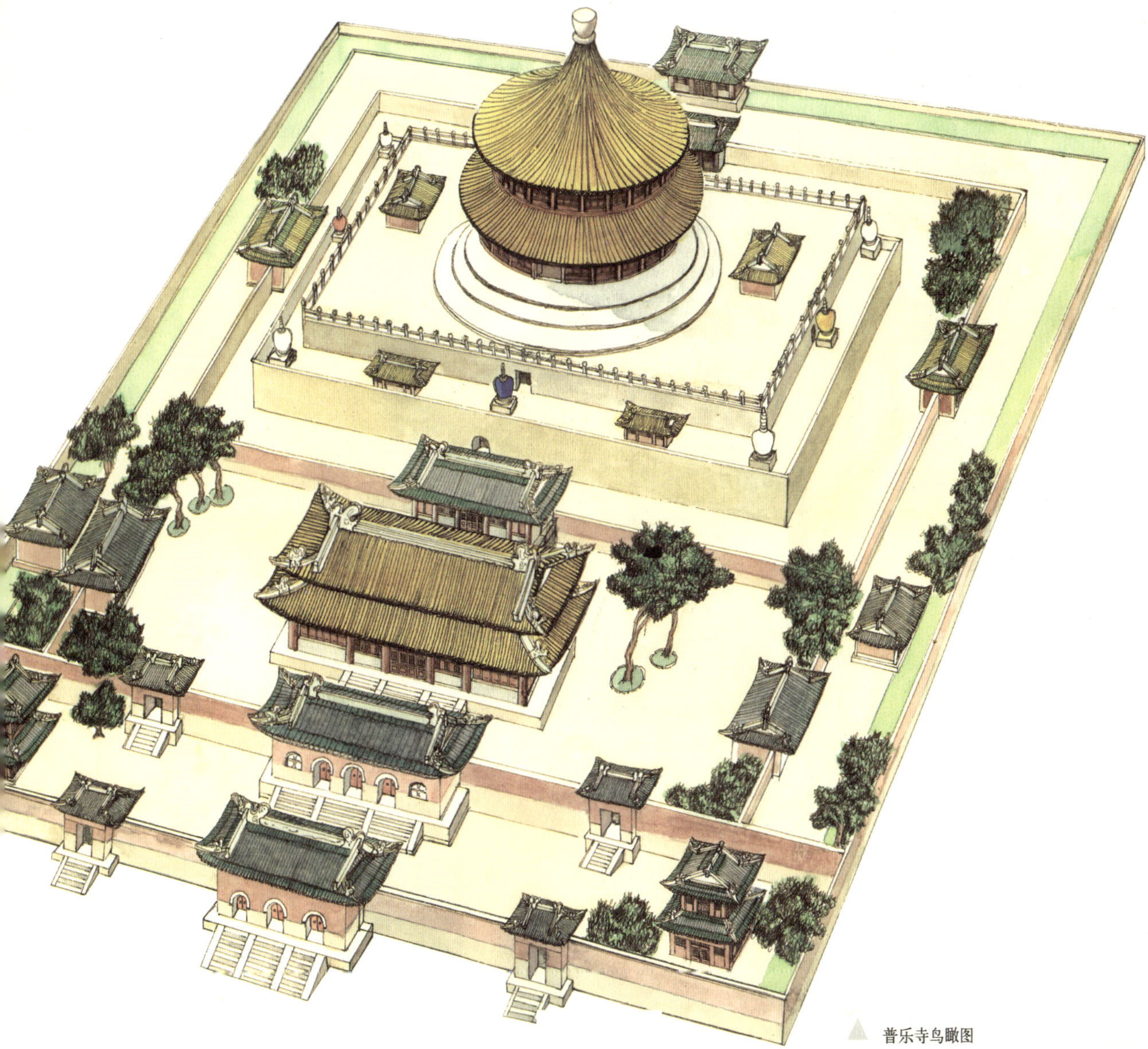

普乐寺鸟瞰图

普乐寺占地1.8万平方米，寺门面向避暑山庄，依山势而建。普乐寺的中轴线设计非常巧妙，东端与磬锤峰相对，西端与避暑山庄的永佑寺舍利塔相垂直，使人工创造与天然景物有机地结合起来。普乐寺的平面布局东西稍长，南北稍短，以宗印殿为界，可分为前后两部分。前面部分是按汉族佛寺传统做法布局，包括山门、天王殿、宗印殿、胜因殿、慧力殿；后半部利用藏传佛教特有的建筑形式，建造了裙房、旭光阁。利用台地高差修建两层石台，使旭光阁的地位明显突出。

旭光阁局部

建筑知识

[琉璃喇嘛塔]

普乐寺琉璃喇嘛塔，坐落在八角形的须弥座台基上，须弥座上雕刻有缠枝花卉、莲瓣等图案。座上的喇嘛塔，上部有五层覆莲纹式底座，由褐色和灰白色的琉璃制作而成，外观非常鲜艳夺目。塔身为实心，上面装饰几层仰莲纹。上部的相轮四面贴有云纹边饰，整座塔外观粗壮，比例匀称。

普乐寺喇嘛塔

旭光阁一角

旭光阁是寺内的主体建筑，处于两层石台的中心，是一座圆形建筑，和北京天坛的祈年殿非常相似。旭光阁内的藻井是外八庙中最精美的一处。由下到上层层缩小，井深七层，外层往里依次是云龙、斗栱、龙、凤、双重斗栱和团龙戏珠，中心的浮雕团龙垂下约一米，口衔宝珠，姿态矫健，气势磅礴。殿内中央的圆形石须弥座上的大型立体“曼陀罗”，是国内最大的立体“曼陀罗”模型，龛内供双身上乐王佛像。

普陀宗乘之庙

普陀宗乘之庙建于乾隆三十二年（1767 年），是为庆祝乾隆六十岁生日及其母八十寿辰，以及纪念土尔扈特部返回祖国而建。它仿全国藏传佛教中心——拉萨布达拉宫建制，所以又称“小布达拉宫”。这所庙占地约 22 公顷，是外八庙中规模最大的一座寺庙。

这座寺庙的建筑坐落在北高南低的缓坡上，由前、中、后三部分组成。前部有石桥、山门、御碑亭、五塔门、琉璃牌坊等建筑，它们基本是建在平地上的汉式建筑。山门南向，门前有五孔石桥一座，还立有一对石狮子。山门以北的中轴线上，有一座黄琉璃瓦顶碑亭。这座碑亭为重檐歇山顶，亭中有乾隆三十六年（1771 年）御制的石碑三座。碑亭以北的五塔门，中间有三个拱门，门顶上有不同形式的喇嘛塔，看起来高耸壮丽。从五塔门往北，就是一座琉璃牌楼。这座琉璃牌楼结构为“三间四柱七楼”式，是当时乾隆时期盛行的建筑样式。

过了琉璃牌楼，中部建筑由南到北渐上缓坡，在广阔的斜坡上自由散置有若干座大小不同的，具有藏式风格的平顶建筑二十几座，称为白台。其中有的在平顶上建单塔；有的是实心台座不能入内；有的在平顶上建有木构小殿，作为佛殿；有的组成小院作僧房。这些建筑呈不规则的无轴线形式排列，并且配合地形有疏有密。这些象征藏地山川风情的白台，随着山路的迂回，很自然地烘托主体大红台，使远处的大红台时隐时现，把人们的视线引向寺庙的后方。

普陀宗乘之庙琉璃牌坊

普陀宗乘之庙红台正立面

建筑知识

[普陀宗乘之庙的红宫与白宫]

从远处望，普陀宗乘之庙的红宫与白宫对比非常强烈。红宫坐落于白宫之上，两者的墙壁上均设有排列有序的真假梯形窗，红宫上的建筑屋顶高耸，好像耸入高高的云端。红宫正面中间设有六个红、黄、绿相间的方形佛龛，龛内供有佛像，突出了正面的中轴线。踏上红宫顶部，四周设女儿墙，墙上立有形状不同的琉璃装饰物。它的外观精巧秀丽，第一眼看上去，像是一个天真可爱的儿童，头上扎有两个小辫子，极其可爱精致。

后部建筑建立在一座高 17 米的白色台基上，由三组相连的建筑和几座小建筑组成，这些建筑俗称大红台。大红

普陀宗乘之庙的红宫与白宫

普陀宗乘之庙透视

台屹立在白台基的正中央，是一座高约25米，宽近60米的七层大楼。红台下面一到四层为实心的高台，从墙面外观上做出四层的盲窗，内为实心台座，上面三层左右间隔开窗，一虚一实，既解决了群楼内部的采光，同时在外观上循环有序，为整座红台增添了特色。在大红台的南面窗子正中，由上到下依次嵌饰六个琉璃佛龛。这些佛龛上部琉璃瓦用绿色装饰，下部的装饰黄中带绿，与上部的绿色相呼应，组成的颜色黄绿相间，色彩艳丽，明显地突出了大红台的中轴线。红台顶部布置女儿墙，以黄琉璃佛龛三面装潢，使大红台的外观巍峨壮观，富有吸引力。

大红台的四周由三组不同类型的建筑组合而成。中间天井内建有一座五间重檐的方形大殿堂，名为万法归一殿。群楼平屋顶的前部建有两座方攒尖小亭，右部建一座六角亭“慈航普渡”。主体建筑的东面有洛伽胜境殿和御座楼；东北角建有重檐八角亭“权衡三界”。主体建筑的西面是千佛阁。中部建筑万法归一殿左右设蹬道，东经洛伽，西经千佛阁后的群楼，就可以到达大红台。整个大红台将三组不同规模的建筑连成一个整体，组成一个规模宏大的建筑群体。在大红台的下面，有一座巨大的白台

建筑知识

［普陀宗乘之庙五塔门］

普陀宗乘之庙，是一座仿西藏布达拉宫而建的佛教寺庙，庙内建筑高低错落，中部有茂密的树木陪衬，更具自然的气息。红宫与白宫前五塔中的两座塔，均为覆钵式喇嘛塔。这五座塔均坐落于方形的台基上，塔的上部由塔基、塔身、相轮等几部分组成。塔身的正面各饰有一个红褐色琉璃制作而成的尖拱形佛龛，相轮处饰有竖向的齿形琉璃装饰，与白色的塔身形成鲜明的对比。站在塔下向上仰望，五座塔体形粗壮，气势凌人。由塔身的中间可以看到远处的红宫和白宫，将左右对称的优美的构图效果凸显出来。

普陀宗乘之庙万法归一殿顶

▲ 普陀宗乘之庙塔

▼ 普陀宗乘之庙慈航普渡殿

基座，平面约1万平方米，高近18米。高台外墙刷白，下面以花岗岩条石砌筑，上部用砖砌筑，壁面上设三层藏式盲窗，与外墙为红色的红台相互映衬，使整座碉房式建筑更显雄伟壮丽。这些建筑从形体、色彩到细部都采用了藏族建筑的常用手法，同样在总体布局上也与布达拉宫有相似之处。

普陀宗乘之庙内的山门、角楼、围墙及雉堞，这些建筑组合在一起，极具“城”的意味。因此也可以说它是由山下的“城”和山上的主体建筑两部分组成。布达拉宫给人们的主要印象大都在宫城和山上的主体两部分。普陀宗乘之庙山顶上的最大的建筑刷红色，其他全为白色，还有其他的一些建筑设施，与布达拉宫的红宫建筑非常相似。从总体的“形”与“体”及某些细部做法，以及色彩的运用，都与布达拉宫相仿，这说明普陀宗乘之庙仿布达拉宫的效果是非常成功的。此外，在部分建筑的设计上，巧妙融合了汉族传统的建筑手法，整个建筑群体多样统一，统一中富有变化。

建筑知识

[慈航普渡殿]

慈航普渡殿坐落于红宫的顶部、“万法归一殿”的西北角处，是一座重檐六角亭式建筑，上覆镏金铜鱼鳞瓦。这座殿堂的两层檐的垂脊上，均设有琉璃兽装饰，檐角下方悬挂精美的铜铃。两层檐下的额枋上，绘有旋子彩画，枋心绘有双龙戏珠纹和其他图案，颜色鲜艳，整座建筑非常美观。

须弥福寿之庙

须弥福寿之庙位于普陀宗乘之庙东侧，创建于乾隆四十五年（1780年），是为迎接六世班禅到承德参加乾隆皇帝七旬寿辰而修建的。这座寺庙占地面积约37900平方米，内部建筑均布置在南北向中轴线上，主体建筑有山门、大红台和台上的妙高庄严殿、万法宗源殿、吉祥法喜殿、万寿琉璃塔等。

大红台是寺内的主要建筑，实际是紫红色，象征吉祥、高贵。大红台平面呈回字形，由围绕妙高庄严殿的三层群楼组成形式封闭的院落，形成与世隔绝的宗教气氛。大红台正面开窗，窗楣上是琉璃垂花窗头，内部三层中供奉不同的佛像。妙高庄严殿位于大红台正中，平面呈正方形，是一座重檐攒尖顶建筑，顶部满铺镏金铜瓦，四条屋脊上各有两条金龙，看上去真像是栩栩如生的活龙。吉祥法喜殿位于大红台的西北角上，这里是六世班禅居住的地方，具有很浓的生活气息。

▲ 须弥福寿之庙鸟瞰全景

建筑知识

[须弥福寿之庙]

须弥福寿之庙坐落于河北承德避暑山庄北面的山麓，是外八庙中建造最晚的一座，占地面积约 37900 平方米，是仿西藏日喀则扎什伦布寺而修建的一座喇嘛庙。它的后部由山峦包围，庙内有壮丽的大红台，以及大红台上部的群楼等建筑，还有苍翠的树木为建筑作衬托，建筑雄伟壮观，具有独特的艺术风姿。

北京敦煌藏经宝地

北京云居寺

云居寺坐落于北京西南房山区白带山，是我国北方著名的佛教圣地。云居寺寺门向东，清朝重修后规模宏大。门前有一对石狮，上写："西峪云居寺"。中路有五大院落，六进殿宇，即天王殿（山门）、毗卢殿、大雄宝殿、药师殿、弥陀殿、大悲殿六大建筑。中路以北为行宫院，寺的南北原有两塔对峙，使整个寺院壮丽无比。这座寺院背后有高耸的青山，前方有清澈的溪水，并且有葱郁树木的环绕，非常幽美宁静。

云居寺北部的塔称为北塔。北塔是一座辽代砖塔，也称舍利塔或罗汉塔。这座塔总高约33米，下部的基座下面，全都砌筑浮雕砖，上面

房山区水头村云居寺鸟瞰图

历史百科

［ 云居寺历史 ］

关于云居寺的创建年代，据唐元和四年（809 年）幽州节度使刘济所载的《涿鹿山石经堂记》，认为云居寺建于唐贞观五年（631 年）。又据《僧羯磨经》第一条石题记：“于大唐咸亨三年七月十五日云居寺僧玄导勒石传后。”所以云居寺的创建年代至今还并无准确定论。开元时代的云居寺分上寺与下寺，上寺在石经山上，下寺就是现今的云居寺所在的位置。辽、金时代，云居寺因刻造石经知名，故有石经寺之称，明代因石经山东麓建立东峪寺，而云居寺在山的西侧，所以称西峪寺，清初又改为西域寺。

▲ 云居寺碑亭

拱形佛龛和浮雕佛像座，基座的上部四周出斗栱承托塔身。基座上有两座塔身，平面都呈八角形。两层塔身八面各设圆拱门及直棂盲窗，两层塔身中间有中心塔柱，上部塔檐下设斗栱。第二层塔身上方有一层须弥座，座上是圆形覆钵，接连往上还有一圆锥形的相轮部分，最上面塔顶的形状就像一颗宝珠，很具代表性。这种塔身现今极为少见，塔身以上的覆钵、宝珠形宝顶，为元、明时期所补砌。北塔的建筑，很突出地显示了当地建筑技术和石雕艺术的高度成就。

◀ 毗卢殿遮那佛

天王殿是云居寺的第一重殿宇。天王殿内部中间有一座小法台，法台上供奉弥勒佛。弥勒佛面颊丰满，神态自然，雕塑得非常精细。弥勒佛的两旁供护法四大天王，各天王神情不一，形象威武高大，衣衫整齐，显得非常逼真。弥勒佛背后供奉韦驮菩萨，佛身面向天王殿后门，塑造生动真实。

天王殿西部院落宽阔。院内正殿为毗卢殿，殿前立有二碑，是康熙二十七年（1688 年）所立，碑文记载了重修寺院的经过。毗卢殿前门上方悬挂匾额，匾额上写有“慧海智珠”四字，大门的右边有一口万历二十三年（1595 年）所造的铜豉。殿内供奉毗卢佛。毗卢佛头带毗卢冠，静坐于千叶莲花座上，每一莲瓣上有一尊小佛，这些小佛据说是释迦佛的

建筑知识

［ 云居寺全景 ］

有“北京敦煌”之称的云居寺，寺院规模宏大，寺内建筑依山而建，寺门朝东。云居寺以保存大量的石经而闻名。云居寺内有上寺下寺之分，但现存的寺院在下寺的位置，寺内主要殿宇均坐落在中轴线上，两侧还分布一些附属建筑，东北侧还有一座具有历史价值的辽代砖塔，在苍翠树木的映衬下，显得幽美宁静。

云居寺大门

变身。毗卢佛的左右两侧是二弟子花神、香神，两旁悬有对联："林外钟声开宿月，阶前幡影漾清辉"。这副对联和正门上的匾额，全是乾隆皇帝的御笔。

第三进院落为释迦殿，也叫大雄宝殿。殿檐下有一口明万历二十四年（1596 年）所铸的古钟，门额悬有乾隆御笔的匾额，殿联："石洞别开清净地，经函常护吉祥云"。殿内供奉释迦佛，释迦佛的左右各侍阿难、迦叶两名弟子，还有燃灯佛像、二天王、千手观音、六尊十二天等几尊佛像。这些佛像雕塑精细，形象生动逼真。

第四进院落正殿为药师殿，内供药师佛，左右立日光普照、月光普照二侍者。二侍者手中各持有一面镜子，左书"日"，右书"月"，神态大方自然。药师殿后列四大菩萨，两旁为十二夜叉。这些神像保存完整，形象各有不同，身上的服饰非常华丽，面目表情极为生动，真是令人赞叹。

云居寺北塔

建筑知识

[云居寺大门]

云居寺寺门朝东，门前有清澈的泉水流过，自然环境非常幽美。寺门正上方中部，悬有长方形门匾，上写"云居寺"三个金黄色大字。匾下方有白色的拱形大门，大门两侧有两个白色拱形窗，与大门朱红色的墙壁形成明显的对比。大门的两侧有一对石狮，神态威武凶猛，好像在守卫着这座千年的古刹名寺。

药师殿后的院落里，主体建筑是弥陀殿。弥陀殿内供奉西方极乐世界的教主阿弥陀佛，左右侍立观世音菩萨和大势至菩萨。前方设有香案，上陈康熙年间所造的陈铜五供。殿内后堂供观音坐像和千手千眼观音。两壁有十八罗汉画像，内容丰富，色彩鲜艳，保存非常完好。

还有最后一进院落的大悲殿，内供观世音菩萨。佛像庄严肃穆，意寓含蕴，表情自然，真实无比，为整个大悲殿增添了趣味。

建筑知识

[云居寺三公塔]

三公塔坐落于辽塔的北侧低洼处，三塔并列，通高7米，形制均为覆钵式，下部有石砌的覆斗座，上部有覆钵式塔，塔刹为十三天承宝珠。这三座塔内，分别供奉着云居寺三位住持圆通、了尘、光泰的遗骨，因此称为三公塔。

毗卢殿内壁画

宗教文化

[毗卢殿伏虎罗汉]

伏虎罗汉在罗汉像中是形态较为生动的一尊，因有猛虎的陪衬，显得极其生动逼真。毗卢殿伏虎罗汉身披红色袈裟，伏在一只猛虎的身上，两手伏着虎嘴，显得极其勇敢。猛虎眼睛圆瞪，脚爪蜷动，形态栩栩如生。

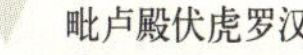

毗卢殿伏虎罗汉

建筑知识

[云居寺北塔]

云居寺北塔是一座辽代的砖塔，又称舍利塔或罗汉塔。塔身分为上下两层，中间有八角形的中心塔柱，外面设拱门或隐作直棂窗。这种塔身的造型现今极为少见，是北京地区现存建造最早的古塔。

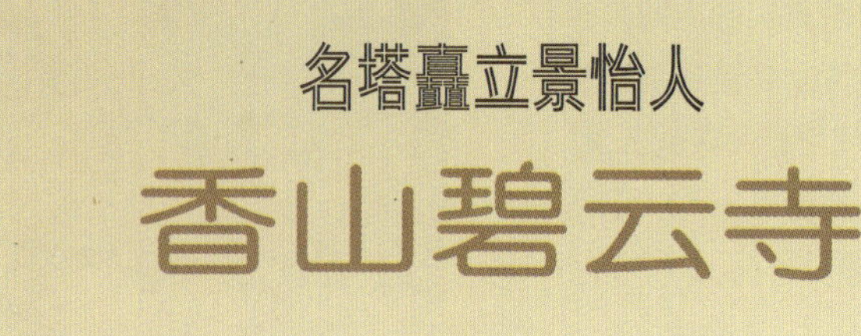

名塔矗立景怡人
香山碧云寺

碧云寺创建于元代，坐落在北京市西郊西山东麓，香山静宜园北面，相传元代时其地为金章宗玩景楼旧址。山坡上青松翠柏，郁郁葱葱，自然景致极为美观。碧云寺依山势而建，以中轴线上的六进院落为主体建筑，南北各配一组院落。在苍松翠柏的映衬下，寺内的建筑以各自封闭的建筑手法，沿山坡层层而上。层层殿堂依山叠起，虽依山势逐渐升高，但总体的布局并没有暴露无遗，而是采用回旋串联、引人入胜的建造形式。每进院落各具特色，给人以层出不穷的优美感觉。

沿着曲折的山路，就可以到达碧云寺的山门。山门建在高大的台基之上，整体为砖石结构，卷棚顶方形门洞，门洞上装有两扇大门。大门颜色为大红色，看起来色彩艳丽、严谨庄重。紧靠着山门有一对蹲卧在须弥座上的石狮子。石狮子身躯瘦长，精雕细琢，犹如真狮子一般高大威武。相传这对石狮子是权阉魏忠贤所制，是明代遗留的一组极好的石雕。

山门以里是哼哈二将殿。这座殿堂坐西朝东，面阔三间，歇山灰瓦顶，檐下有排列整齐的斗栱。大殿两侧站立着彩塑二将像，形象生动逼真，衣着色彩对比鲜明，威武有力，是一对价值很高的雕塑艺术品。第二进院落的主殿是弥勒佛殿，原为天王殿。初建时，天王殿内有四大天王的塑像，可在北洋军阀时期被毁，现只剩下弥勒佛像，所以称为弥勒佛殿。这座殿堂面阔三间，歇山灰筒瓦顶。大殿内部正中供奉释迦牟尼像，左右各有伽叶和阿难两位弟子。两位弟子的左右两边供有文殊菩萨和普贤菩萨。这些佛像均为泥塑彩绘，雕塑得非常逼真。山墙上的十八罗汉壁画和西游记唐僧取经的神怪故事像最为突出，姿态各异，形象极为活泼真实。这些立体雕塑，真如在云山缥缈的神仙境界，成为明代的艺术珍品。

金刚宝座塔

第三进院落的菩萨殿面阔三间，前出廊。殿内供奉五尊泥塑彩绘菩萨像，正中为观音菩萨，右为普贤菩萨、地藏菩萨，左为文殊菩萨、大势至菩萨，它们各乘神兽。东西两壁塑有高1米左右的二十四诸天神和福禄寿喜四星的塑像。塑像的四周也有云山悬塑和小型的佛教故事雕塑。第三进院落内还植有许多古树，其中有

建筑知识

[碧云寺全景]

北京香山碧云寺，寺门朝东，内部建筑采用封闭的四合院式布局，显示了一种严密的宗教气氛。寺依山而建，周围树木葱郁，泉水潺潺，环境幽雅宁静。寺内因拥有全国最大的金刚宝座塔而得名，自古就被誉为北京西山诸寺之冠。

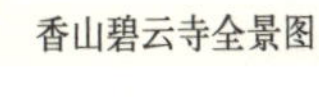

香山碧云寺全景图

银杏、娑罗、古柏等，生长旺盛，给人一种“绿”的气息。这些树木中娑罗树最为珍贵，原产自印度，据说佛祖释迦牟尼就是在娑罗树下寂灭成佛的，因而这种树被称为佛门的宝树。

碧云寺的最后一个院落为塔院。在塔院的院门处，有一座雕工细致的汉白玉石牌坊，在牌坊上雕饰着双龙戏珠和仙鹤的图案，额枋上面雕满了祥云纹样，柱头上还各雕有一只雄狮。石牌坊的两侧建有石质的屏壁，屏壁正面浮雕众多的人物像，并在每位人像的上方，刻有题名。这两组

建筑知识

[金刚宝座塔]

碧云寺金刚宝座塔总高 35 米，体量高大，雄浑壮观，在全国同类塔中，是尺度较大的一座。塔由基座、金刚宝座和塔三部分组成。塔的基座上，浮雕有卷草、飘带、佛像、龙头等图案，外观装饰丰富多彩。通过塔中部的石台阶，可以登上基座的上部，然后穿过金刚宝座上的大门，登上塔区，观看高高耸立的密檐式塔身，欣赏它的精美艺术。

金刚宝座塔基座

建筑知识

[金刚宝座塔前设置]

碧云寺金刚宝座塔坐落在方形的塔基上，塔基为砖石结构，外部用虎皮石包砌。塔前的台阶层层高上，两侧设有石雕护栏，栏上有石雕石榴柱头，中部饰有净瓶，墙面上还有纹饰雕刻，看上去极其精美。

汉白玉罩亭

建筑知识

[汉白玉罩亭]

金刚宝座塔上的罩亭为方形，亭下有方形的须弥座，束腰处雕有飘带的图案，上下各设排列有序的莲花瓣。罩亭的亭身，凿有三个长方形佛龛，龛内用高浮雕的方式雕有佛像，个个姿态生动。佛像的背后，还雕有精美的缠枝西番莲图案纹样，线条流畅，优美生动。罩亭的上方四周设净瓶栏杆，中部建有覆钵式塔，设计精巧丰富。

浮雕人物雕刻，造型美观，姿态各异，雕刻十分传神。屏壁的两侧还各有一面石壁。石壁的正面雕着一只麒麟，背面雕有民间传说中的“八仙过海”人物图样。在石坊的后面，有两座御制碑亭。亭内为穹隆顶，顶部有龙头藻井。亭中立着两统石碑，碑身上有清代乾隆皇帝撰写的《御制碧云寺碑文》和《御制金刚宝座塔碑文》。左亭内为满蒙文字，右亭内为汉藏文字。碑亭与石牌坊之间的院落中，有一小单孔拱形石桥，走过石桥就可以到达金刚宝座塔院。这座宝塔在全寺的最高点，极为引人注目。

金刚宝座塔建于清高宗乾隆十三年（1748 年）。这座宝塔是典型的中印度形式，是仿北京西直门外大正觉寺塔的形状建造的，也是释迦牟尼成佛的纪念塔。塔高 34.7 米，塔身坐西朝东，上下分为三层，由塔座、金刚宝座和塔组成。最下面是两层方形的基座，砖石结构，四周由花岗岩按虎皮式包砌，台基的两侧有汉白玉石雕护栏，四周雕刻西藏喇嘛教的传统佛像。塔基的正中开有券洞，券洞两旁有兽头形装饰和佛像装饰。券洞内墙的石龛正中，有一汉白玉石匾额，上刻金字“孙中山先生衣冠冢”。 1925 年 3 月 12 日，孙中山先生因病在北京逝世，灵柩就停放在碧云寺中，后来将孙中山先生的衣帽葬在金刚宝座塔下的古龛中，供后人瞻仰。券门两侧设有券式通道，并从石阶梯盘旋而上，可登上宝座的台顶。

在金刚座上，共有五层须弥座束腰。第一层须弥座束腰每面，均浮雕卷草及飘带造型图案。第二层的须弥座正面两侧，雕刻着弥勒佛像和达摩像，还雕有四大天王像，这些佛像全部采用高浮雕的方法，雕刻精细，立体感很强，在须弥座的南、西、北三面，每面有若干个佛龛，并在佛龛中以高浮雕的表现方法，雕有双手拜钵的药师佛像，非常精美。第三层须弥座束腰的每面，雕刻着83个龙首像。第四层须弥座的东面，高浮雕有九尊结跏趺坐，手捧莲台的阿弥陀佛像。在其他三面各雕刻药师佛像。在宝座的南北两面，各呈折角形向内凹进一段，凹进处内雕刻的药师佛像的两侧，分别雕刻一座覆钵式塔，显得别致而美观。

金刚宝座塔塔内佛像

金刚宝座上有七座石塔。在通上塔台的屋口处，有一座汉白玉罩亭，两侧各有一座汉白玉覆钵式喇嘛塔，其后侧有五座密檐式方塔。五座方塔中央是一座大塔，四边各为小塔。这种独特的建筑方式，是曼陀罗的一种变体。曼陀罗是梵语的译音，意思是指经坛。按照喇嘛教的说法，中央是须弥山，即释迦牟尼的所在地，四周分布着水、陆、山代表他们的佛。中央大塔的基座为须弥座，须弥座上的塔身每面都雕出三个长方形的佛龛，佛龛上用高浮雕的方式雕有坐佛像。他们分别是：东方阿闳佛，南方宝生佛，西方阿弥陀佛，北方不空成就佛。在每尊佛的两侧各立有一尊菩萨像。佛像背后浮雕有精美的缠枝西番莲图案纹样，形象优美而生动。塔身之上有十三层塔檐，上部为一铜质塔顶。塔顶中央铸有八卦，四周刻有花缨。塔顶上端又立一座汉白玉制作的小塔，中央大塔顶上的塔刹正面，开有一个壶门形佛龛，佛龛上雕刻一尊双手结智拳印的大日如来佛像。刹顶上安有铜制伞盖，伞盖上镂空雕饰有道教八卦的符号，周围镂雕祥云，并在伞盖的周围铸有璎珞图案，看起来非常优美。在中央大塔的后面，植有一棵苍劲挺拔的古柏。这棵古树种植于金刚宝座上，由于它在主干上长有九个枝杈，所以又被称为“九龙柏”，据说它象征着佛祖释迦牟尼历经磨难，最终在菩提树下得道成佛。

香山碧云寺中的金刚宝座塔，高大雄伟。塔身上的雕刻精美而别致，其中既有佛教题材，又有道教内容，丰富多彩。它表明了清代乾隆时期，中国建筑艺术和雕刻艺术已经达到了很高的水平。整个碧云寺上的建筑，随着中轴线层层而建，给人的感觉极其优美。

宗教文化

[金刚宝座塔塔内佛像]

金刚宝座塔内供有释迦牟尼像，佛像端坐在外形美观的四层莲花座上，双眼微闭，一手扶膝，一手放于胸前，做着手托物品的动作，姿态端正自如。佛像身上的金黄色的衣饰，衣纹流畅，塑造得非常精细。

名花贵木戒台闻名

北京戒台寺

戒台寺位于北京城西偏南约40公里处，坐落在太行山支脉的马鞍山山腰处。始建于唐武德五年（622年），是智周长老带领众多僧人建造的，至今已有1400多年的历史。戒台寺原名慧聚寺，明代正统年时改名为万寿寺，民间通称戒坛寺，俗称戒台寺。清康熙、乾隆时期对寺庙进行多次重修扩建，形成现在的寺庙布局与规模。因寺内建有全国最大的佛教戒坛，并可授佛门最高戒律——菩萨戒，故有"神州第一坛"的美誉。

戒台寺内殿宇巍峨，碑石林立，有众多的古树名木以及名花。戒台寺内的主要殿堂分布在南北两条中轴线上。南轴线上建筑有山门殿、

戒台寺全景图

历史百科

[戒台寺全景]

戒台寺的建立距今已有1400多年的历史，虽经过多年的风雨，但现今的戒台寺，仍规模宏大。寺内不仅殿宇巍峨，拥有全国最大的戒台，还有许多古树名花。人们都说戒台寺以松而闻名，戒台寺内的古松有的还是辽、金时代所植。各种形态的松树，是历代诗咏的对象，其中乾隆皇帝就题有两首诗，其中一首为："摇动旁枝老干随，山僧持以示人奇。一声空谷千声应，藉问神通孰所为"。

戒台寺辽塔

天王殿、大雄宝殿、千佛阁、观音殿等，北轴线上的主要建筑是戒坛院，包括山门、戒坛殿、大悲殿及五百罗汉堂等。此外，寺内还有多处院落，如南宫院、牡丹院等。

天王殿位于戒台寺山门以内的院落内，殿内供奉弥勒、韦驮和四大天王像。位于天王殿两厢的四大天王塑像，分别为东方持国天王、南方增长天王、西方广目天王、北方多闻

天王。塑工精细，表情传神，身上的服饰颜色鲜艳。四大天王又可称为四大金刚，传说东、南、西、北四大天王有“风调雨顺”之意。

大雄宝殿位于天王殿之后，面阔五间，进深三间。大殿内正中供奉三世佛，中间是释迦牟尼佛，他结跏趺坐在莲花台上，风度超凡。释迦牟尼佛的左面是“药师佛”。药师佛左手托钵，钵内盛满普救众生的甘露。右手的拇指捏一颗药丸，代表能为世人医病救命。右面的阿弥陀佛，是西方极乐世界的教主，双手掌心向上，掌中托一个莲台，表示要接引众生去西方极乐世界。山门殿内有哼哈二将的雕塑，天王殿内还有四大天王，殿前还有保存至今的碑刻。寺外，摩崖造像群、摩崖刻字、石牌坊、墓塔群，以及众多神秘幽深的古洞，似众星捧月般地散布在红墙绿瓦的古刹周围，使整个戒台寺形成一个方圆数里，既有巧夺天工，又有自然形成的古老的寺院，成为众多信徒们向往的地方。

戒台大殿前香炉

著名的戒台在寺院西北角的戒坛殿内。戒坛殿是戒台寺内的标志性建筑，是辽代咸雍五年（1069 年）所建，在明代重修，位于大雄宝殿北侧的戒台院内。戒台大殿平面呈正方形，建筑面积 676 平方米，面阔进深各三间，为重檐盝顶与四角攒尖式相结合的木结构建筑，上下檐有风廊环绕，顶部四面呈坡形，正中部分的正方形小平台上，安有铜质镏金宝顶，呈五塔形分布，造型浑厚庄严，具有藏传佛教的风格。

大殿的正门上方高悬着一块上写“选佛场”三个漆金草书大字的横匾，门内的横枋上挂有清代乾隆皇帝手书“树精进幢”的金字横匾。内侧还挂有康熙皇帝手书“清戒”二字的横匾。

大殿内的戒台总建筑面积为 127 平方米，是一座用青石砌筑的高台，上下分为三层，呈品字形。戒台的最上面一层，靠近西侧有一尊高 3 米多的释迦牟尼造像，塑像前有十一把木椅和一个紫檀雕龙的供桌。戒台的每层均有须

建筑知识

[戒台寺辽塔]

这座辽塔为五层密檐式砖塔。下部的塔身拐角外，均雕有一个小型塔的角柱，中部间接设有拱门和盲窗，起到了装饰的作用。上部的塔檐为五层，每层檐下都设有砖雕的仿木斗栱，斗栱层层叠叠，像一个个绽开的花朵，非常漂亮。这座辽塔，虽经历了近千年的风风雨雨，仍完整地矗立在戒台寺的苍松翠柏之中。

建筑知识

[戒台殿]

戒台寺内的戒台殿，是一座重檐盝顶与四角攒尖式相结合的木结构建筑。殿前台阶的前方，有一个楼阁式香炉，坐落在一个长方形的台基上。香炉分为两部分，下部分为香炉主体部分，上部分的造型为重檐歇山顶楼阁式建筑，顶部中央有圆形宝顶，檐下还设有门和窗，看上去极其精巧雅致。

历史百科

[戒台大殿与殿前香炉]

位于北京城西处的戒台寺内的戒台殿建于辽代咸雍五年（1069年），是戒台寺内的标志性建筑。殿前上方的“选佛场”横匾黑底黄字，看起来极其鲜艳，门窗都为红色，显得高贵典雅。殿前的大香炉，造型美观，腹肚处雕有莲蓬、云龙纹等高浮雕图案。

弥座，束腰处雕有佛龛。整座戒台共有佛龛113个，在这113座佛龛内安放有113座泥塑彩绘戒神，这些戒神形态各异，一个个形态逼真，生动传神。这是北京地区绝无仅有的一组戒神塑像，是难得的艺术珍品。

戒坛院山门的前方，有三座古老的经幢，其中两座建于辽代，一座建于元代。经幢是由青石雕刻，上有石檐，下有须弥座，主体呈六面或八面的石柱，石柱上刻有文字。元代建造的经幢上，刻有经文，石檐上雕刻有八名古代乐师形象。他们均袒胸赤足，手拿乐器，造型传神，纹理精细，反映了元代石雕艺术的娴熟。

戒坛院东南北两侧，各有一座辽代所建的古塔。北面是一座七层密檐式砖塔，是辽代僧人法均和尚的墓塔，始建于辽大康元年（1075年），曾在明正统十三年（1448年）重修过。塔上的塔铭上面刻有文字，文字中提到的“崇禄大夫”和“守司空”是法均和尚生前的官职名称，而“普贤大师”则为法均的佛门尊称。南面的一座也为密檐式砖塔，塔里埋存有法均和尚的袈裟、食钵等物件，因此又称为“衣钵塔”。

戒台大殿

戒台寺里的古树众多，其中最著名的有卧龙松、自在松、九龙松等十大名松，这些名松经历了千百年风雨的磨砺，形成了奇特的造型，是历代文人雅士赞咏的对象。戒台寺的丁香、锦带是寺内的珍贵花木。牡丹花是戒台寺的骄傲，据说是乾隆皇帝赏赐的，种植在北宫院内，后来，北宫院内又引进了一些名贵品种的牡丹花，因此人们称这里为“牡丹院”。这里的牡丹花，除了红、白、粉、黄等颜色外，还有一些珍贵的黑牡丹。花开时节满园的丁香、牡丹、锦带等争奇斗艳，犹如仙境，让前来参观的游客似走进优美的仙境，流连忘返。

神秘虚无营造天地之源

道教建筑总论

道教起源何时，按道教经典自己的说法，简直是一笔糊涂账，但《魏书·释老志》说："道家之源，出于老子"，却无争议。道教是我国早期社会所形成的，在华夏民族中土生土长的一种传统宗教信仰，内容极其广博。若从东汉时期的张道陵天师正式建立教团组织算起，有1800多年的历史了。那么，作为一个完整的宗教体系，形成于何时？学界并无定论。道教的来源很广，吸收了老子、庄子、邹衍、《吕氏春秋》、《淮南子》、古代的巫术、卜筮、阴阳五行之学等等，以《道德经》为主要经典，以老子为"教主"。道教以"道"名教，就是指以道作为它的基本信仰。他们认为道教是无所不在，无所不容的。在《玄纲论》中说，道是"虚无之际，造化之根，神明之本，天地之源"，"万象以之生，五行以之成"。《清静经》中说："大道无形，生育天地；大道无情，运行日月；大道无名，长养万物。"这些都说明道包含着精神世界

平遥清虚观

平遥清虚观文物

建筑知识

[清虚观纯阳宫]

山西平遥清虚观内的纯阳宫，位于三清殿前，它是一座六檩卷棚顶，明间出抱厦，面阔三间，装修精致，结构小巧的建筑。抱厦下两柱顶上，设有层叠的斗栱，外形像一朵盛开的花朵，非常漂亮。整座纯阳宫，在紫藤花的映衬下，显得更加轻巧秀丽，雅致而不失美观。

大足石刻南山第5号龛三清古洞右上部局部

和物质世界的全部内容。道教的教义思想十分丰富，其中贯彻着一些基本信条，这些信条则决定了不同的教义。

《道德经》中说："人法地，地法天，天法道，道法自然。"所谓"自然"就是一种天然状态，它不受任何外在因素的强制和约束。"自然"是道的最重要的特性，无论自然界还是人类社会，凡事都要遵循法则而行。清静是道的本性。在《老子想尔注》中说："道常无欲，乐清静，故令天地常正。"《清静经》中说："人能常清静，天地悉皆归。"所以，学道信道之人，都以"常清静"作为人生的标准。在有些人的内心思想里，往往以为宗教是把人们的注意力引向虚幻的世界。现实中的道教并非如此，它具有十分明显的现实情怀，告诉人们要重视人生，重视生命。道教中有一个响亮的口号："我命在我不在天！"人的生命的长短，并不是上天注定的，而在自己手中。道教虽追求个人的长生成仙，但它并没有把"仙道"与"人道"对立起来，而是以"重人贵生"为主要原则。

大足南山第5号龛三清古洞右侧局部

道教是一种多神宗教，信奉的仙神很多。其"神"和"仙"有严格的区别，这是在道教发展中逐渐形成的。神主要主宰天界，执掌政务，就如人世间的帝王与官吏。而仙则为得道的人，一般没有神职。道教中所信奉的神仙，一是指古代华夏各族奉祀的天地日月星辰、五岳四渎、蚕神八蜡等；二是由道教教义所演化创造出来的三清、四御、十方天尊、三官大帝等；三是道教创始人、历代祖师、著名道士，如太上老君、天师张道陵、南华真人庄周、纯阳帝君吕岩、长春真人邱处机等。这三种来源组成以三清、四御为主体的庞大神仙系统，之后又不断增加，使神仙名位越来越多。

道教建筑基本上由中国传统的四合院演变而来，大多在中轴线上布置主要殿堂，作为斋醮的场所。多数道观的建筑布局，常依地形、地势与自然中的山泉、流水、岩石、洞壑相结合，点缀一些亭台、楼阁、舫榭，创造出以自然景观为主的优美园林式的建筑群。道观的殿堂内大多奉祀诸神，此外，还有一些壁画、题刻等。

建筑知识

［大足石窟三清古洞］

重庆大足县境内的大足南山第5号窟——三清古洞是一个以道教为主题的洞窟。洞窟中的道教神像，有的端坐在神龛上，有的站立两边。站立的神像，动态不一，表情也各不相同，整个洞龛的内容非常丰富。窟壁上还雕刻一些方形、菱形、圆形的小龛，内部装饰各种纹样及神像，雕刻得异常生动。

辉煌绚丽奇艺今非比
山西永乐宫

永乐宫原名“大纯阳万寿宫”，是我国现存著名的元代道教宫观。它的殿宇宏大，殿堂内的壁画绚丽辉煌。永乐宫也正是以壁画的强烈震撼力，吸引着海内外的众多观赏者。

元代初期，道教全真派的创始人王重阳奉吕洞宾为祖师。王重阳死后，他的弟子邱处机，得到蒙古成吉思汗的诏请，于蒙古成吉思汗十七年（1222年）四月谒见了成吉思汗，并进言曰：“欲一天下者，必在乎不嗜杀人”；欲治世以“敬天爱民为本”；欲养生以“清心寡欲为要”。成吉思汗称他为“神仙”，并派其掌管天下道教。后在蒙古太宗后三年（1244年），永乐镇的祠观被烧毁，朝廷下令“升观为宫”，并派人在永乐宫原址上修建大纯阳万寿宫，

历史百科

［永乐宫的由来］

永乐宫始建于元代初，原址在山西省西南的芮城县永乐镇，因此，后人直接称其为永乐宫。当时的永乐宫前临浩瀚的黄河，背依巍峨的中条山，是个风景秀丽、树木葱郁之处。传说中，永乐镇是道教吕洞宾的故居。吕洞宾名岩，道号纯阳子，是“八仙”之一。他修仙成道之后，走遍天下传教，为人治病解难，民间传有许多奇闻逸事。吕洞宾死后，据当地碑刻记载“乡人慕其德，因旧址而庙貌之，岁时享祀”。人们把吕洞宾的旧居改建为祭祀吕洞宾的祠庙，后在宋、金时改祠庙为道观。

▲三清殿天丁力士

▼永乐宫三清殿

建筑知识

[三清殿]

三清殿又叫无极殿，是山西芮城永乐宫内最主要的殿堂。坐落在高大的台基上，正脊和垂脊上的三彩琉璃装饰，色彩艳丽，光彩夺目。檐下正上方，悬有一块接近于方形的门匾，上面写有“无极之殿”四个大字。殿前有宽敞的月台，月台前的笔直甬道，由方砖铺墁，整体雄浑壮观。

又名永乐宫。1959 年，因修建黄河上的三门峡水库，永乐宫位于库区内，因此，不得不将其迁移。人们便按永乐宫原来的建筑模式，将其迁建于芮城县的龙泉村现址。

永乐宫坐北朝南，建筑规模宏大。宫前松柏翠绿，宫内花木扶疏、环境清雅、绿瓦红墙，一派古色古香的美丽景象。在一条南北长约 500 米的中轴线上，依次耸立着五座主体建筑——宫门、龙虎殿（又称无极门）、三清殿（又称无极殿）、纯阳殿、重阳殿。这些古代建筑，除宫门为明代重建之外，其他四座全是元代的遗物。并且这四座殿堂都不设窗户，

三清殿鸱吻

古塔外部斗栱

重阳殿匾额（右中图）

隰县鼓楼

三清殿壁画

建筑知识

[三清殿天丁力士壁画]

永乐宫内的壁画众多，但三清殿内的壁画，却是永乐宫壁画的精华之处。天丁力士是三清殿壁画中的一部分。画中的力士，身上的衣纹线条流畅，或简或繁，韵律优美，每个人的动作与表情也绝不相同，体现了当时匠人的精妙艺术。

建筑知识

[玉女壁画]

山西芮城县永乐宫内的壁画绚丽辉煌，闻名天下。这幅玉女壁画，鲜艳如初。玉女身上的衣饰华丽，颜色丰富，头部的发饰精美，脸庞圆润，表情安详。玉女后部的黄色花朵装饰，更突出了壁画颜色的新鲜。这些精美的壁画，线条疏密有致，且刚柔相济，把人物及场景描绘得栩栩如生，永乐宫的壁画，是难得的艺术精品。

▲ 三清殿西壁壁画

◀ 三清殿玉女

墙壁内部满绘壁画，画艺精湛，气势宏伟，壁画总面积达一千多平方米，非常壮观。

龙虎殿又称无极门，是永乐宫原有的宫门。这座建筑面阔五间，进深两间，单檐庑殿顶。正脊两端各有一个龙形鸱吻，外观古朴典雅。殿内原有高大魁梧的青龙和白虎两座星君塑像，可惜早已毁损。现只存东西两梢间的壁画，表现的主要内容为神荼、郁垒、天丁、神将、城隍等。但在搬迁前，画面上覆盖白垩，上面有明清时补画的壁画，现在所看到的壁画是元代留下的真迹。

三清殿又名无极殿，是永乐宫内的主要殿堂。该殿面阔七间，进深四间，单檐庑殿顶，屋面覆盖灰色筒瓦，屋脊镶有黄、绿、蓝三彩琉璃装饰，所用花纹有龙、凤、牡丹、莲花以及海马、狮子等，个个精致迷人。正脊两端立有龙吻，龙吻高达3米，配有龙王、流云等装饰，创意独特。这些琉璃制品，历经千年，依然色彩艳丽，美丽无比。三清殿矗立在一个高大的台基上，殿前设有宽阔的月台，月台两侧各设一垛台，上下共有四条踏步，可供游人通行。这种月台的设计，与一般的月台设计有所不同，极具创新。殿内采用"减柱法"，仅后半部设八根金柱，殿内其余各柱全部省略，以扩大内部的可利用空间。前方三面墙作为佛像的神龛，龛内供奉三清真神，即玉清元始天尊、上清灵宝天尊和太清道德天尊，现已无实物存在。

三清殿的壁画是永乐宫壁画的精华之处。全殿除南面有五间及后檐明间为木制格扇门以外，其余各壁均绘有大幅人物壁画《朝元图》。作品描绘了道教诸神朝拜道教最高神元始天尊的盛大行列，精美绝伦。图中绘有天帝、王母等八位帝后，还有诸天星宿、三官、四圣、五行、八卦、十二丁甲和五岳四渎、十二宫辰等300多个神人像。画中最高神像高3米以上，一般人物约高2.2米，并肩分四层排列。画中神像有的面目狰狞，有的端庄秀丽，诸神形体有三头六臂者，有四日六眼者，形象各异，神态逼真，衣饰道具千变万化，场面壮阔，气势雄伟。画面组织井然有序，色彩丰富，极富欣赏价值。三清殿内的壁画，在绘画手法上，采用重彩勾填法，表现出高超的传统线描技巧，线条疏密有致，刚柔相济，形象地表现了物像给人的动感，而且体现了艺术形式和内在形式的美。色彩的配合恰到好处，以石青、石绿为主色调，再加以少量的紫、赭石、黄、白、红、金等小块亮色，还多处使用传统的“沥粉贴金”手法，使画面更加绚丽活泼。

永乐宫纯阳殿局部

走过三清殿，后部就是五座殿宇中的纯阳殿。纯阳殿又名混成殿，因殿内主尊供奉吕洞宾，故又称吕祖殿。纯

建筑知识

[纯阳殿]

纯阳殿又称混成殿，面阔五间，进深三间，自南至北的深度逐步减小，是古道教建筑平面布置中罕见的实例。殿正面设有隔扇门窗，檐下大门的正上方，悬有题“纯阳之殿”的匾额。殿前有宽敞的月台，中间的甬道与三清殿相连。殿顶部的正脊所立的龙形琉璃鸱吻，由多种颜色的数块琉璃构件拼合而成，颜色无比鲜艳。

永乐宫纯阳殿

阳殿面阔五间，进深三间，由前向后逐渐缩小，为平面布局中少见的一例。殿前有月台，中间以甬路与前面的三清殿相连。殿内原供奉的吕洞宾塑像，现今已毁。殿内用减柱法，仅明间有四根金柱，空间颇显宽敞。

纯阳殿的后壁和山墙共有壁画约203平方米，壁画主要描绘的是吕洞宾一生的传记。画名为《纯阳帝君仙游显化图》，画面生动地展现了吕洞宾从出生到成仙的种种传说。壁画分上下栏，垂直安排两幅，然后横向展开，每幅自成章法，幅与幅之间以山石云树作为过渡。壁画主要以山、水、树、石、房屋、建筑等组织在一幅大画面上，远看则是一幅青山绿水画。虽主要是以道教为主题，但由于主要表现的是吕洞宾在人间的"仙游显化"的过程，画面中还表现了一些达官贵人、农夫乞丐、学士商贩等人物，所以在客观上也反映了民众生活，表现了当时社会的各种风俗民情，使人感受到浓浓的生活气息。

重阳殿亦名袭明殿，因殿内供奉全真道祖师王重阳及其七位弟子，又名七真殿。重阳殿位于纯阳殿之后，是永乐宫内现存四座殿堂中最小的一座殿堂。该殿面阔五间，进深四间，单檐歇山顶。重阳殿内的壁画比纯阳殿的壁画要晚十来年，但形式和风格与前殿也有许多相似之处。殿内东、西壁及后檐壁绘有49幅连环画，描绘的是王重阳及其弟子们的传教活动的场景。各幅画都用山、石、云、树相

宗教文化

[纯阳殿壁画]

纯阳殿神龛墙背面的壁画也非常精彩，所绘的是《钟离权度吕洞宾图》，也称《二仙谈道图》。这幅壁画的画面对特定情景下人物的内心活动刻画得有声有色，人物的神态极为生动。画中的钟离权屈膝坐在椅子上，在谈说道语；吕洞宾则神态恭谨，在认真聆听。深刻地揭示了吕洞宾悟道后的精神，与学道的艰难，形成了强烈的艺术感。作者将人物场景安排在有青松、翠石、飞瀑环绕的清幽环境之中，更显画面的丰富幽雅。殿内还有拱眼壁画十二幅，画的是奏乐、舞蹈的伎乐童子，也十分生动可爱。

连，远看好像一幅风景画，细看画中是一系列的人物情景画。重阳殿内的壁画，虽然精彩，只可惜历经多年损坏较多，现有一部分已模糊不清了。

永乐宫内的壁画，在中国已有悠久的历史。壁画的艺术成就，形象地表现了当时画家的娴熟技巧。特别是三清殿内的《朝元图》，画幅宏大人物众多，是我国现存寺观壁画中所罕见的。这些壁画成功地塑造了一批极富特色的人物形象，而且各个人物神态、衣着、表情都不相同，还使观者感觉到画面中人物的内心活动。这些形象无不表现着内在的艺术美，使前来观看者流连忘返。

▲ 永乐宫大殿屋檐走兽

◀ 纯阳殿匾额（左页图）

▶ 永乐宫朝元图（右图）

▼ 纯阳殿塑像

名胜古迹全真第一丛林

北京白云观

在历史悠久的北京城内，有着许多驰名中外的名胜古迹。在北京西便门外白云路上，矗立着一座有名的道教宫观，这就是北京最大的道观建筑——白云观。白云观是道教全真龙门派祖庭，是我国北方的道教中心，曾有道教“全真第一丛林”之称。

建筑知识

[白云观木牌楼]

木牌楼又称棂星门，坐落于白云观山门外，修建于明正统八年（1443年），是一座三间四柱七楼式建筑，当初的功能是供观内道士观星望气之用。牌楼的正面正中，有一块书写着“洞天胜境”的匾额，表示为道教真人修持所居住的清静超凡的胜地。牌楼前方，绘有题材丰富、色彩鲜艳的旋子彩画，整体设计精美，外观优雅。

白云观始建于唐朝开元年间（736～739年），原名天长观，据说唐玄宗为了奉祀老子，而修建此观。金代时改名为太极宫。元初全真派长春真人邱处机，奉元太祖成吉思汗之命居于此寺，因此在元太祖成吉思汗十年(1215年)改名为长春宫。到了明正统八年（1443年）才改名为白云观。在明、清两代白云观曾多次修缮，现存的白云观规模宏大，观内的建筑大多数是明、清两代重建的。

白云观石经幢

白云观洞天胜境牌楼

建筑知识

[白云观山门]

山门是白云观的外门，始建于明正统八年（1443年），上部的“敕建白云观”匾额，是当时书法名家所写，“敕建”两字表示奉皇帝谕旨修建的。山门中部设有三个拱形石门，代表着道教所谓的“三界”，石门的门楣上全部饰有雕刻。由中部的石门向内望，可以看到白云观内的灵官殿。

白云观山门

白云观建筑群坐北朝南，内部建有多进四合院。其中，中轴线上有五座主要殿堂，依次为灵官殿、玉皇殿、老律堂、邱祖殿和四御殿。后院是一座环境幽雅的后花园。后花园名云集园，又名小蓬莱。花园内部以云居山房和戒台山为中心，叠山假石，绿树成荫。东院原有华祖殿、真武殿、斗母阁、南极殿和罗公塔，但现存建筑中只有罗公塔保存完整。西院有五个殿堂，即祠堂八仙殿、吕祖殿、娘娘殿、元辰殿等。这些高大的殿堂及祠院等建筑，构成了雄伟壮丽的白云观道观。

白云观以照壁作为中路建筑的起点。照壁又叫影壁，位于牌楼的前方。照壁上镶嵌有“万古长青”四个大字，字体雄浑，令人赞叹。牌楼原为棂星门，为七层重檐彩画建筑，旧时是观内道士观星望气之所。明正统八年(1443年)进行修建后，棂星门改建为牌楼，失去了原来的观象作用，成为四柱七楼歇山式建筑。牌楼正面匾额上写着“洞天胜境”四字，北面还写有“琼琳阆苑”，意思是白云观乃清静超凡的、美玉修成的仙境胜地。

牌楼后方的山门，中部有三个拱形券门。从道教的术语理解，三个门洞就指“三界”，走进山门，就象征着跳出三界，跨入神仙洞府。 山门的正前方悬挂有“敕建白云观”

白云观菩萨像

白云观邱祖殿内景

的长方形匾额，这块匾额是用一整块生铁铸造而成，是当年明英宗皇帝所赐之物。山门的建筑大多采用石筑。石壁上雕刻着各种各样的花纹图案，其中有流云、花卉、仙鹤等，雕刻精细，造型精美。中间券门的东侧浮雕有一个石猴，通体铿亮，大概是由于来人的多次触摸而致。因为老北京

白云观院景

白云观灵官殿

宗教文化

[明代雕塑]

白云观玉皇殿内，奉祀“昊天金阙至尊玉皇大帝”，是明代所保存的雕塑。玉皇大帝是天上神界的最高尊神，是百神之君，可主宰三界十方。三皇殿内的玉皇大帝，身穿九章法服，头戴十二行珠冠冕旒，气势威严。据说每年的腊月二十五日，是道教玉皇大帝出巡的日子，它巡视各地人们的为善、作恶、祸福等，在当天晚上子时，是道教举行接驾仪式的时间，仪式都举行得十分庄严隆重。

有这样的传说：“三猴不见面，铁打白云观，有门无人走，倒坐南极殿”，还有人说：“神仙本无踪，只留石猴在观中”。前来观看白云观的游客，为了祈求神灵保佑，都要用手触摸一下石猴的身体，象征着四季吉祥如意。

走过山门，迎面就是灵官殿了。灵官殿原名四师殿，创建于明景泰七年（1456 年），曾在清康熙元年（1662 年）重修过。这座殿堂面阔三间，进深一间。殿内正中供奉道教护法神王灵官像，此像为明代木雕而成，造型精美，神态逼真。灵官像身披金甲，左手掐灵官诀，右手执金鞭，双眼怒视巡察世界，脚踏风火轮，形象威猛，是镇守山门的护法神。殿内左右墙壁上还绘有赵公明、马胜、温琼、岳飞四大护法元帅的画像，画面生动自然，不拘一格。

玉皇殿内明代雕塑

穿过灵官殿是玉皇殿。灵官殿与玉皇殿之间有钟、鼓楼，与其他宫观不同的是，观内西为钟楼，东为鼓楼，正好与一般的宫观布局相反，传说中是为挡西风寺的西风而把钟楼换到西侧的。玉皇殿原名为“玉历长春殿”，在清康熙元年（1662 年）进行修建，在康熙四十五年（1706 年）才改名为玉皇殿。玉皇殿矗立在一座高大的台基上，台基平面呈“凸”字形。殿内正中供奉“昊天金阙至尊玉皇大帝”神像。神像为明代木

玉皇殿

建筑知识

[玉皇殿]

玉皇殿原名长春殿，位于灵官殿之后，修建于清康熙元年（1662 年），为一座单檐硬山顶建筑，面阔七间，前设月台。月台前方正中，有一个较大的亭阁式香炉，上层还设有宝顶和鸱吻，四个檐角上，各托有一个立体的行龙，下部还悬挂铜铃，和传统的古代建筑结构大体相同。

雕作品，手捧玉笏，身着九章法服，头戴十二行珠冠冕旒，静坐在龙椅上。神像的左右两侧，有玉帝阶前的四位天师和两位侍童共六尊铜像，这些铜像都是明代万历年间所铸造的，形象非常逼真。神像前的佛龛前及两边垂挂着的幡条上，绣有许多“寿”字。这些“寿”字颜色各异，总数为一百个，所以称为“百寿幡”。殿内墙壁上还有明清时期留下的壁画，壁画的内容有南斗六星、北斗七星、三十六帅等八幅彩画。这些彩画内容丰富，形象生动逼真。

老律堂原名七真殿，创建于明景泰七年（1456 年），是观内道士举行宗教活动的主要殿堂。“老律堂”的得名是因为全真龙门派历代的律师，都在此殿举行传授戒法，所

老律堂外景

邱祖殿

以后来人们将七真殿改名为老律堂。殿内供奉七位真人，他们是全真派祖师王重阳的七大弟子：邱处机居中，左边依次为刘处玄、谭处端、马钰，右边依次为王处一、郝大通、孙不二。这些真人曾对北方全真教的传播和发展作过极大的贡献，他们大多是金元时期的人物，出身于世家大族，具有一定的社会地位，在元时七位真人都受到过元朝帝王的召见和封赐。

建筑知识

[邱祖殿]

邱祖殿位于老律堂之后，是一座面宽三间的单檐顶建筑，檐下悬挂写有“邱祖殿”的匾额，额枋上绘有丰富的旋子彩画。正中一间设隔扇门，两侧安装槛窗。殿前植有茂密的树木，两侧各立有龟趺和方形石碑，中部还设有香炉，把殿堂外部的空间装饰得丰富多彩。

邱祖殿位于老律堂的后侧，是白云观的主要殿堂之一，因殿内奉祀元代长春真人邱处机而得名。邱处机字通密，号长春子，元登州栖霞人。在十九岁时，拜全真派王重阳为师。后在王重阳死后，邱处机潜修于龙门山，创建了龙门派。1220年，得到元太祖成吉思汗的诏请，率十八名弟子西行千里，来到雪山之巅与成吉思汗会见。在宴席间进谏成吉思汗：“敬天爱民为本，问长生久视之道”，大谈治国之道，得到成吉思汗的赞赏，命“赐号神仙，爵大宗师，掌管天下道教”。全真派在邱处机的带领下盛极一时。邱处机一生积累了许多养生之道，写下了《摄生消息论》、《玄风庆会录》以及《长春真人西游记》等一些书籍，为道教的发展作出了极大的贡献。邱祖殿内正中塑有邱处机的真人塑像，周围在初建时原有许多壁画，描绘的是长春真人西游之行的事迹，还有十八宗师画像，现今又恢复重绘。

老律堂内景

四御殿建于明宣德年间，是白云观内中轴线建筑的最后一座，坐落在最后一进院落的北端。四御殿为两层阁楼式建筑，上层奉三清，下层奉四御。青灰色的庑殿顶，檐枋上涂有精美的彩绘图案，整体外观为朱红色。楼下供奉的四御指辅佐玉皇大帝的四位天帝：勾陈上宫天皇大帝、中天紫微北极大帝、承天孝法后土皇地祇和南极长生大帝，这些都是清代初期泥塑造像，高约1.5米。四御殿的上层供奉三清，因此称为"三清阁"。阁内供奉三位道教最高尊神，中央为玉清圣境元始天尊，左为上清真境灵宝天尊，右为太清仙境道德天尊。三清阁的两侧建有藏经楼，藏经楼内原珍藏明正统年间刊刻的《道经》，这是一部珍贵的道教文献，是研究我国道教历史的重要实物资料。藏经楼下东侧廊屋，展出许多白云观历代收藏的经卷、法书、字画、雕塑等文物。其中有一尊唐代汉白玉老子坐像，被称为白云观的"镇山之宝"。中间展柜中还有一幅《雪山应聘图》，描绘的是邱处机与十八名弟子应成吉思汗之邀，雪山西行的情景，布局巧妙，极其引人注目。

八仙殿前何仙姑

宗教文化

[八仙塑像]

自元代以来就有八仙之说，八仙包括汉钟离、吕洞宾、张果老、曹国舅、何仙姑、蓝采和、李铁拐、韩湘子等八位神仙。八仙殿中的八仙像塑造生动，八仙中的四位神仙姿态不一，表情各异，身上的衣衫色彩艳丽，动作优美自如，与真人无所两样，可见艺匠们娴熟的技艺。八仙中的何仙姑，面带笑容，衣衫飘飘，左手执放在肩上的荷花，右手执一朵小的荷花，姿态非常优美。

白云观内除中路主体建筑外，东、西路也有许多建筑，其中有八仙殿、吕祖殿、元君殿、文昌殿等，这些建筑布局紧凑。整个白云观规模宏大，自成吉思汗时营造长春宫至今，建筑不断扩建，布局日渐完整，收藏了大量的道教文物字画。现今北京城内流传着许多关于白云观的传说和故事，吸引着众多人的目光，使其成为北京城内了解道教文化的重要场所，白云观也是北京城内的一大名胜。

八仙殿

历史百科

[老律堂内景]

老律堂殿内奉祀全真道七位真人，像前设有前来祭拜的人所用的拜垫。殿内的梁、枋上均绘有青、黄、蓝三色的旋子彩画，枋心图案有双龙、花卉、几何图案等。这些彩画虽历经百年，仍然色彩艳丽丰富，为殿内空间起到很好的装饰作用，使殿堂增色不少。除此之外，殿内还存放有历代保留下来的文物，为我国研究道教建筑起到很好的辅助作用。

玉泉仙洞优美赛园林

甘肃玉泉观

玉泉观坐落在甘肃省天水市城北天靖山麓，距离市中心广场约1公里。玉泉观北部依附青山，南部可俯览州城，观内树木葱郁，殿阁巍峨，数百年来一直是道教圣地。

玉泉观坐北朝南，传说观内泉水能治愈疾病，因此称为“玉泉”，观名也正是因“玉泉”而得名。观内殿宇巍峨，亭台参差错落，加上葱郁的古柏，风景壮丽，有“玉泉仙洞”之称，是秦州八景之一。

玉泉观的历史悠久，早在汉代时就有道士活动。据《直隶秦州新志》中记载，铁马大仙卢真人曾在此修行，民间有许多关于他的传说。在唐朝时，有人传说吕洞宾曾云游到这里，当时玉泉观才被称为“观”。到了宋朝时，朝廷崇奉道教，诏告天下广建宫观，当时的玉泉观被称为“天长观”，宋末时观遭兵毁，直到元至元八年（1271年），全真道人邱处机的弟子梁志通西行到这里，因风景优美，便在这里隐居下来。在元至元十三年（1276

建筑知识

［玉泉观山门］

甘肃天水玉泉观的山门，面向东方，一开间，两边设有八字墙，墙中部为白色墙壁。山门顶部覆青灰色的筒瓦，正脊上镶嵌琉璃花形装饰，装饰美观大方。门额上悬挂“玉泉观”匾额。与山门相邻，有一组南北走向的廊子，称为通仙桥。通长五间，整体为木结构卷棚歇山顶，边设围栏。

玉泉观山门

玉泉观周围景观

年），修建了玉泉观的第一座殿堂，此后，又陆续修建了多处殿堂，规模逐渐扩大。

玉泉观内的建筑有近百处，占地面积130余亩。其中主要有山门、通仙桥、五祖七真殿、太阴殿、青龙白虎殿、鲁班殿、圣母殿、玉皇殿、三清殿、真武长生殿、三官殿、青狮白象殿、仓圣殿、杜甫草堂等建筑，错落有序，精巧地分布在秀丽的景色之中。观内苍劲的古柏遍及山涧，历代留下的碑文数不胜数。玉泉观为全真教龙门派十方常住的道观，千百年来全真道士一直相沿于此。观内因风景优美壮丽及卢、梁、马三位真人的传闻和事迹而名扬天下。

玉泉观内的玉泉位于仓圣殿轩庭下。仓圣殿南侧为玉泉亭。玉泉亭的原始修建年代不详，在元代至元二十八年（1291年）和大德六年（1302年）两次重修，在清乾隆四十一年（1776年）也曾重修，后来在“文化大革命”中被毁，玉泉被埋没。在1981年又重修玉泉亭，新亭为八角攒尖顶。其后在原址上挖泉，下挖深度约17米，

建筑知识

[玉泉亭周围景观]

玉泉亭位于仓圣殿的轩庭下，它的周围既有苍翠的树木，也有精美的假山。通过玉泉亭前的楼梯，可以来到玉泉观内的仓圣殿，从树木的空隙中，隐约可以看到殿的墙壁。前来参观的人们，无一不被观内的历史文物所吸引。

玉泉观檐下装饰

建筑知识

［ 玉泉观牌楼 ］

牌楼是一种礼制性的建筑，位于建筑群的入口或院落中间，具有划分空间的作用。寺观建筑中经常见到牌楼这种建筑形式。玉泉观中就有好几座牌楼，有位于升仙桥后的小牌楼，穿插在殿堂中的天门牌楼、玉皇阁牌楼以及混元宫牌楼等。

玉泉观牌坊门

并铸有水泥圈，水量保持在6米深度。玉泉亭在多次摧毁以后，又被一次次地重建，足以说明玉泉亭在当时的影响力还是很大的。

玉皇阁是玉泉观内现存最宏伟的建筑。它坐落在高高的台基上，台基的阶层为五十三级，因此称为“五十三台”。玉皇阁坐北朝南，创建于元代，在清代有过三次重修。阁面阔三间，进深6米多。单檐歇山屋顶，上覆碧绿色的屋瓦，正脊上有两个龙形吻兽，威猛无比，色彩鲜艳如初。玉皇阁整个屋顶由四根廊柱相隔支撑，廊柱上架有大额枋。额枋上的平板枋直通向角柱，枋上平身科施斗栱三攒，造型如天空飘浮的云朵，又如盛开的鲜花，看上去非常漂亮。

玉泉观阶梯

外枋上绘有多种纹样，下柱角有造型优美的雀替，上面雕饰着腾龙、花卉的纹样，内坊下雕饰着二龙戏珠的图案。这些图案雕刻精细，线条流畅，生动无比。檐下四周有回廊，前后勾栏，廊基下还嵌有元代砖雕。这座玉皇阁，虽被重修过，但现今仍然保持着明代的建造风格。

▲ 玉泉观通仙桥

位于玉皇阁后的玉皇殿，修建于元代至元二十六年（1289 年），在明崇祯十年（1637 年）重修。这座殿堂面阔三间，进深三间。单檐歇山九脊顶，屋面上覆琉璃瓦。正脊两端设有龙吻，中部为一楼阁亭，楼阁亭两侧饰有狮象两兽。坊上平身排列八攒斗栱，依等距离有序排列。殿内的木构造梁架，为彻上露明造，抬梁式七架梁，采用歇山抹角梁与踩步金结构形式。这些梁架构造奇特，风格古朴。

三清殿位于玉泉观的中后部，是观内纵轴线上最高的建筑。据碑文记载，这座殿建造于至元十三年（1276 年），在明嘉靖三十六年（1557 年）重修，清朝时又有修缮，现今所看到的殿堂是在 1995 复建后的面貌。如今的三清殿面阔五间，进深五间，重檐歇山顶，覆琉璃瓦。正脊正中置一宝珠，两侧各有腾龙，双龙头部都朝向宝珠，腾空飞跃，好像是双龙戏珠的场景。矗立在高约 1.5 米的石砌台阶上，雄伟而壮丽。

神仙洞位于玉泉观西崖，面阔三间，内有两洞，据传是元代梁志通修道成仙之处。洞壁上有诗一首："大道遽庐乐自游，风光仿佛像瀛洲。庵前草木春长在，物外云山不夜秋。鬼粹揎罡三尺剑，神藏天地一虚舟。从来抛却红尘事，勘破浮生只点头。"深刻描述了当时玉泉观的自然景观及梁志通栖居于此的乐道心情。三仙洞旧称云阳洞，位于神仙洞左下崖方。在明成化十五年（1479 年）凿中洞，称为"八仙洞"。约在清康熙年间，在中洞两侧各凿一洞，洞内分祀卢、梁、马三位真人，取名为"三仙洞"。后来又有重修。

环视整个玉泉观，观内殿宇楼阁参差错落，石径台阶迂回曲折，再加上苍柏古槐的掩映，真是一处既有园林情趣，又有文化内涵的道教宫观。

建筑知识

［ 通仙桥 ］

通仙桥与玉泉观山门相连，南北走向，通长五间，进深一间，歇山卷棚顶，整体为木结构，外设围廊，两边设八字墙。这组建筑设计非常特殊，从顶部看像是一座殿堂，走进内部，才知它是一个走廊形式的通道。

外观独特内饰富丽堂皇

伊斯兰教建筑总论

伊斯兰教于610年起源于阿拉伯半岛，伊斯兰教，据传是穆罕默德（570～632年）在41岁时，从麦加城北希拉山的一个山洞里，得到真主阿拉的启示后，创立的一种宗教。

伊斯兰一词是阿拉伯语的音译，原意为“顺从”，即“顺从真主阿拉而获得安宁”的意思。从阿拉伯字源上讲，伊斯兰一词来自“赛拉目”或“色兰”，是“和平”的意思，因此伊斯兰教又称为和平的宗教。伊斯兰教所礼拜的神只有阿拉，最基本的信念是“除阿拉之外别无主宰，穆罕默德是真主的使者”。

伊斯兰教的主要信条就是“五信”和“五功”。“五信”指的是信阿拉、信天使、信先知、信天经、信后世，“五功”指的是念、拜、斋、课、朝五个方面的要求。“礼拜”是伊斯兰教所规定的“五功”之一，每天要在晨、晌、晡、昏、宵五个时间进行礼拜，把每周的星期五作为聚礼日，每年还有开斋节和古尔邦节两次会礼。伊斯兰教的教民，无论在何时何地，到了规定的时间就必须礼拜。

伊斯兰教自创立以后，首先在阿拉伯半岛传播，并逐渐取得在阿拉伯半岛传教的胜利，建立了政教合一的国家。不久以后，伊斯兰教也开始传入中国，但具体传入中国的时间，目前史学上并无确切的考证。根据史书文献的记述和伊斯兰教历法推算，大多数学者认为以唐永徽二年（651年）第三任哈里发欧斯曼第一次来到长安，觐见唐高宗，并介绍伊斯兰教的教义，作为伊斯兰教正式传入中国的开始。

伊斯兰教传入中国后，得到了迅速的发展，

建筑知识

［牛街礼拜寺对厅］

北京牛街礼拜寺，是北京城内历史最悠久的伊斯兰教清真寺。寺内的对厅建筑，整体外观很像佛教中的建筑结构。对厅为七开间，檐下的梁枋上，绘有题材丰富、色彩艳丽的苏式彩画，门窗全部采用鲜艳的红色，使整座对厅在古朴的基础上，又增添了清新艳丽的色彩。厅的中部五开间带廊，与两侧形成凹入的形式，中间有四根单独的立柱连接，建筑形式十分美观。

牛街礼拜寺对厅

之后因宗教活动的需要，陆续修建了大量的伊斯兰教建筑。早期出现在我国沿海一带的伊斯兰教建筑，采用的是砖石结构和阿拉伯建筑风格，随着时间的推移和伊斯兰教的不断发展，逐渐发展为院落式平面布局、木构架结构等建筑形式。为了满足呼唤教徒的要求，大多数寺内都建有楼阁式邦克楼，耸立在建筑群中。伊斯兰教的建筑装饰特点，一般都设置尖拱形大门、佛龛、假窗等特有的形式。

伊斯兰教建筑中最主要的建筑是清真寺，清真寺又称为礼拜寺，是阿拉伯语的音译，意为“叩拜的场所”。传说中最古老的清真寺，是位于麦加城中的“天房”，是一座立方体石砌房屋，是阿拉伯古代保存下来的一处宗教信仰圣地。清真寺主要是广大教徒进行礼拜、举行各种宗教活动的场所，每一座清真寺都将周围的教民组织在一起，成为宗教性的民政组织单位，还具有社会多方面的功能。

建筑知识

［牛街礼拜寺碑亭］

碑亭坐落于牛街清真寺内邦克楼前方，为一座重檐歇山顶建筑，外观轻巧秀丽。碑亭的檐下，设层层叠起的斗栱，梁枋上绘有精美的旋子彩画，各戗脊上均饰有一排小脊兽，自然有序。碑亭的大门为拱形，上部门楣雕有花卉图案，看上去极为精致。

▲ 牛街清真寺碑亭

新疆寺院之最古老幽深

艾提尕尔清真寺

艾提尕尔清真寺又名“艾提朵尔”清真寺，坐落在新疆喀什市中心，占地面积约16800平方米，寺内可容纳上千人同时礼拜，是新疆地区最大的寺院。

艾提尕尔清真寺始建于明代。据说，清真寺现址原来只是一片荒凉的墓地，当地的一些有名的大人物去世后，也埋在此处，同时还建立了一座小清真寺。但还有一种传统的说法，在18世纪后期，有一位名叫古丽热拉的有钱妇女，在去往巴基斯坦的途中病故此地，当地人根据她的遗嘱，在此修建了一座清真寺，这便是今天的艾提尕尔清真寺。但当时的清真寺规模非常小，现今我们看到的清真寺，是经明清时期几次扩建后的布局规模。其中，在1872年的最后一次修建规模最大，比之前增大了许多。

艾提尕尔清真寺的总平面为不对称的四合院形式，由门楼、礼拜堂、教经堂和其他一些附属建筑组成。清真寺的入口门楼设计独特，别具一格。门楼全部用黄砖砌成，由一组窗式壁龛及两个邦克楼巧妙地组合在一起。门楼上的大门为浅蓝色，高约4.7米，门的上方刻有阿拉伯文的《古兰经》文，周围有绿色和蓝色的、具有维吾尔族风格的精美图案和花纹。尖拱形大门的上方和左右两方，有序地排列着与大门的形状基本相同的小型假窗，看起来整齐得当。两侧的邦克楼高约18米，楼身中上部由不同的图案纹样组成，楼顶装饰有象征伊斯兰教的一弯新月。这两个邦克楼与中部门楼相连接，连接处一侧只有砖墙，另一侧则是带有两个壁龛的砖墙。整个入口立面虽不对称，但十分和谐、壮观。门楼设计得高大、雄伟，成为伊斯兰教建筑的一种特色，也是喀什市的形象标志。

门楼的后面有一个大拱伯孜，其顶端托着一座小尖塔，塔顶饰有一弯用黄铜做成的新月。拱伯孜即伊斯兰宗教建筑中的圆穹隆顶，可以配置在寺院，也可以配置在陵园里。

走进艾提尕尔清真寺的大门，寺内庭院广阔，花木水池相互衬映，颇有园林意趣。踏过用砖铺成的甬道，就可以看到寺内的礼拜寺。礼拜堂是庭院内最主要的建筑，主要分内寺、外寺和棚檐几部分，进深四间，面阔则有三十八间，面积约2600平方米，是国内面积最大的伊斯兰教建筑。礼拜堂为密肋式梁柱构架，由一百多根八角形雕花木柱排成网状支撑平顶。顶棚上的图案简洁明快，重点部位绘有色彩艳丽的花纹装饰，给人一种华丽的感觉。

清真寺外寺采用廊柱式敞口厅的做法，寺内的神龛为装饰的重点。神龛的外观为精巧的尖拱门式，外围第一层为白色的石膏，再向外还有四条宽窄与花饰不同的几何图案包围着。图案形体准确而细腻，整体具有清新、洁净的艺术特色。内寺位于外寺的中后部，是冬季教民礼拜的场所。

艾提尕尔清真寺以其悠久的历史、雄伟的建筑及艳丽的色彩等特点闻名于世。它是中亚地区著名的清真寺，是

建筑知识

[艾提尕尔清真寺]

新疆喀什市艾提尕尔清真寺，是一座规模宏大的伊斯兰教建筑。精美的装饰，精心的设计，是伊斯兰建筑艺术中的杰作。它以悠久的历史、艳丽的色彩，成为中亚地区著名的伊斯兰教清真寺。

我国古代维吾尔族创建的历史瑰宝。在伊斯兰教的各种节日里，清真寺是主要的活动场所。这座古老的建筑，不仅是伊斯兰教教徒们的骄傲，同时，也得到了来喀什参观游览的中外游客的极高评价。

艾提尕尔清真寺

规模宏大艺术超凡

苏公塔礼拜寺

苏公塔礼拜寺位于新疆吐鲁番市东南郊，建于清乾隆四十三年（1778年）。礼拜寺的大门入口处，保存有一块石碑，石碑正反面刻有汉和维吾尔两种文字的碑文，记述了建塔的原因。根据碑文推测，这座礼拜寺是吐鲁番郡王苏赉满二世为纪念其父额敏和卓的功绩所建的。寺内高大的邦克楼称为苏公塔，又叫额敏塔，寺因塔而得名为苏公塔礼拜寺，或额敏塔礼拜寺。

苏公塔礼拜寺平面呈方形，面阔九间，进深十一间，寺外观封闭，墙体浑厚，未设窗户，殿内冬暖夏凉。礼拜寺内的布局特点是将礼拜殿、后窑殿、邦克楼、讲堂、住宅等都组织在一幢建筑内。大殿位置在礼拜寺的正中，面阔五间，进深九间。其他殿堂和住房都安排在大殿周围，邦克楼在礼拜殿右侧，这是我国新疆地区特有的伊斯兰教建筑布局风格。

礼拜寺的正门设在整座建筑东面的正中处，门楼上部及两侧，饰有大小不同的尖拱券，这也是新疆伊斯兰教大门建筑常用的形制和独具特色的艺术风格。穿过大门，就是礼拜殿。礼拜殿屋顶高起，上部侧面开天窗以供采光透风。因礼拜寺规模宏大，外墙又没有窗户，只能靠大殿内狭小的天窗来通风采光，给人一种缥缈无垠的空间感，充满着浓厚的神秘气息。礼拜殿后部的后窑殿设有圣龛，周围设有大门通向其他房间。整个礼拜寺门楼上、礼拜殿内的天

苏公塔远景

窗，还有后窑殿的圣龛，外形全都采用尖拱形装饰，看起来协调统一，别具特色。大殿周围还有三十组双套间式小房，内壁为洁白色，极少地方使用装饰，更显得素雅、圣洁而且大方。

礼拜殿往南是整个礼拜寺内最具特色的邦克楼建筑——苏公塔。苏公塔的建立距今已有二百多年的历史，是新疆现存最大的古塔。塔身浑圆，总高40多米，通体用砖砌成。这座塔下部直径为14米，上部直径为2.8米，由下向上明显收缩。塔身的外层镶嵌有黄色砖块叠砌而成的装饰花纹，这些花纹上下分为七层，各层宽窄不同，图案也有所不同，有菱格纹、水波纹、山纹、变体四瓣花纹等，多达十五种的图案相互配合，并随着塔身的收分而收缩，美观大方，极富韵律感。塔身在不同的方向和高度上，还筑有十四个长方形窗口，使整个塔具有雄浑秀丽、古朴稳重的艺术风格。塔内有螺旋形蹬道，共有七十二层台阶，通过蹬道盘旋而上，可至苏公塔的塔顶。塔顶外观为穹隆圆顶，周边还设有尖拱形窗，可供游览者站在塔内向外观望。

▲ 苏公塔近景

这座高耸壮观、精奇秀丽的苏公塔，表现了建塔匠师们高超的砌造技艺，令每位前来观瞻的人感到震撼，站在塔下仰望，给人以高塔凌云的感觉，塔的形状及塔身上的各种花纹，秀丽无比、优美动人，为整个古城增添了浓郁的民族色彩。

据当地维吾尔族人传说，这座精美绝伦的清真寺和秀丽的古塔，是清代维吾尔族建筑大师伊卜拉欣等人精心设计而建造的。它代表了伊斯兰教建筑的独特风格，也是吐鲁番人民永远的骄傲。

建筑知识

［苏公塔］

新疆吐鲁番苏公塔礼拜寺，四周有一圈墙体围绕，墙体上部连续开有海棠花形的小洞，具有很强的连续性。高大的苏公塔位于整座清真寺的东南角，塔形由下向上逐渐收缩。塔上的装饰图案丰富多彩，不仅有团花形、菱形装饰，还有折线形，十字形等，顶部还设有拱形窗，爬到塔顶的游客，可以透过窗户向四周观望。这座精奇秀丽的苏公塔，具有一种高耸凌云的壮观景象，让前来观瞻的游客，无不感到震撼。

别具匠心意境深远

西安华觉巷清真寺

华觉巷清真寺又名西安清真大寺，据《西安府志》上记载，现存清真寺始建于明洪武二十五年（1392年），曾多次重修，至今保存完整。据历史保留下的碑文记载：清代初期在长安及近郊共有63座清真寺，现今所保存下来的清真寺中，西安华觉巷清真寺布局最为完整，也是我国传统清真寺建筑中最宏伟的一座寺院。

大清真寺一进院落

建筑知识

[敕修殿]

陕西西安大清寺内的敕修殿，是整个清真寺历史最悠久的一座殿宇。殿宇前设有与石牌坊相连的通道，宽敞又大方。殿前种植的苍翠树木，为整个清真寺增添了自然的风光，吸引着海内外的众多游客。

华觉巷清真寺占地面积约12000平方米，寺内主要建筑均为明、清两代所营建。这座清真寺坐西朝东，采用我国传统的四合院式布局，沿着东西的中轴线布置有大门、牌坊、楼厅等建筑。这种设计方式不同于一般传统建筑布局的南北轴线方位，别具创新，特点突出。清真寺整个院落平面为窄长方形，前后分为四进院落，每个院落都有一座独立

省心楼

三门与碑亭

建筑知识

［ 省心楼 ］

省心楼位于大清真寺第三进院落的中央，是一座三檐两层、八角琉璃瓦攒尖顶的楼阁式建筑。省心楼二层四周设有围廊，正面中央悬有一块“省心楼”牌匾。这座省心楼，相当于其他清真寺中的“召唤楼”，耸立在清真寺中，是寺内最高的建筑，也是全寺的一个重要景点。楼前有长方形砖铺地的通道，两侧及后部，都有茂密的树木作陪衬，整座省心楼耸立在一片大自然的风景中，显得高耸秀丽，雅观无比。

的中心建筑，虽形制不同，但布局恰当得体，形成各自的艺术风格，给人一种不同的艺术感受。

清真大寺院落内的建筑由东向西排列，依次有照壁、木牌楼、大门、石牌坊和碑亭。位于中部的木牌楼是一座三间四柱式建筑，顶部覆有蓝色琉璃瓦，檐下斗栱由上到下层层叠出，极富韵律感。木牌楼东侧的照壁与大门相对，是一件可供人们欣赏的艺术品。第二进院落的石牌坊是明代建筑，为三间四柱式，檐下设斗栱。石牌坊西侧左右各设一座碑亭，整个碑亭用砖砌成，亭内存放明代保留下来的石碑。石牌坊和碑亭上均雕刻有各种题材的砖雕纹样，刻工精细，内容丰富生动，是清真寺内的建筑特色之一。

穿过大门西行可达二门，二门西为清真寺的第三进院落，院内的主体建筑为位于中央的“省心楼”，即一般清真寺的“邦克楼”，它是呼唤教徒礼拜的地方。这座省心楼平面为八角形，三檐两层，琉璃瓦攒尖顶，是清真寺内的突

建筑知识

［ 三门与碑亭 ］

大清真寺的三门为三个门楼的形式，中部大门顶上覆有绿色的琉璃瓦。与三门相邻左右两侧分设碑亭，两座碑亭形制相同，前设拱形门，外观精巧美观。

出建筑，也是全寺的一个重要景点。省心楼的北侧有一座讲堂，面阔三开间，单檐硬山式顶。明间开门，两侧辟有直棂格木窗。门窗的花纹雕刻精细，线条流畅，全都为木材的本色，使整个讲堂显得庄重古朴。正堂两边各设有一间侧室，以高拱券门与讲堂相通，造型精巧迷人。

三门以内的第四进院落，是全寺的主体庭院，院内主要由大殿、一真亭、月台、水房等建筑组成，空间序列安排恰当，显得宏阔无比。礼拜大殿是清真寺内最重要的建筑，是教民进行礼拜和各种宗教活动的场所。大殿由卷棚、礼拜殿和后窑殿三部分殿宇拼连而成，平面为凸字形，殿内面积达 1270 平方米，可容纳一千几百人同时礼拜。大殿中间辟门，两侧山墙不开窗，使得大殿内的光线较弱，仅有后窑殿的光线照入，给人一种宗教建筑的神秘气氛。

大殿内部天花及梁枋上，饰有不同花纹的美丽团窠图案，仅天花上的图案就有六百余幅，加上大梁下的包袱内也饰有团花图案加以点缀，整个大殿色彩协调，丰富多彩。除此之外，后窑殿内的整个西墙布满木制雕刻，上刻有阿拉伯式的装饰图案，加以缠枝菊、莲荷、牡丹等团花的衬托，每团花式皆不相同，显得极为精美华丽，多而不乱，富有强烈的装饰韵味。不仅内部设计丰富，大殿的屋顶设计也独具特色。前面为勾连搭歇山顶，后窑殿的屋顶与第二卷屋顶垂直，形成一个丁字形，这种设计方法是伊斯兰教建筑所独具的特点。

殿前的大月台面积宽大，作为空间的延伸，夏季礼拜人多时可在月台上礼拜。月台的周围设有石雕栏杆，其间设有五座棂星门，供人们上下，与周围环境相通，形成隔而不断的空间。前来礼拜的人们，礼拜完毕后站在月台上向四周眺望：各式的建筑和葱郁的树木，给人一种轻松愉快的感觉。月台的建立，更能烘托出大殿的稳重雄伟、宏阔气派。

凤凰亭

院内正中置一真亭。一真亭中间平面为六角形，两翼为三角形，构思巧妙，是一种较为少见的建筑形式。一真亭的外观形似凤凰展翅高飞，故又名凤凰亭，亭的左右两边有碑楼和水池相互衬映，丰富了庭院景观，使整个院落更加迷人。

清真寺内中轴线上的照壁、木牌楼、大门、二门、省心楼、凤凰亭及礼拜大殿等建筑的屋顶，大多覆以蓝绿色琉璃瓦，协调统一。寺内还有许多砖雕、木雕精品，均以几何纹及荷莲等植物纹样图案作为装饰，雕工精细，构图生动，是很难得的艺术作品。

建筑知识

[一真亭]

一真亭位于大清真最后一进院落内，它由中间的六角亭和两侧的三角亭组成，三座亭阁均为攒尖顶。飞翘的檐角，造型优美自然，酷像一只展翅的凤凰。亭前的四层台阶前，有方砖铺墁的通道，两侧立有石制护栏，周围有苍翠的树林。设计巧妙的一真亭，与周围景色的结合，组合成一幅美丽而优雅的画面，整个院落显得清新迷人。

京城古寺含无穷艺术魅力

牛街礼拜寺

牛街礼拜寺，位于北京广安门内牛街，是北京城内历史最悠久的清真寺。全寺占地面积约6000平方米，整体建筑格局集中对称。寺门坐东朝西，主要建筑均分布在中轴线上，有望月楼、礼拜大殿、碑亭、邦克楼等建筑，在礼拜殿的前庭院内还分布有南北讲堂等建筑，布局严谨，主次分明，是中国古典宫殿和阿拉伯式清真寺两种建筑风格相结合的一组古建筑群，整体建筑独具特色，规模宏大。

牛街礼拜寺规模宏大，牛街礼拜寺不同于其他清真寺的建筑规格，是我国伊斯兰教建筑中院落式清真寺的典型实例之一。寺院始建于辽统和十四年（996年），相传是从阿拉伯来中国传教的学者纳苏鲁丁创建，后经明正统七年（1442年）、清康熙三十五年（1696年）两次大规模重修，形成现在的清真寺规模与布局。

礼拜寺的大门前方，有一座三间四柱式木牌楼，后部与木牌楼相连处，有一座高耸的望月楼，两座建筑巧妙地

正门及望月楼

建筑知识

[大门及望月楼]

北京牛街礼拜寺的大门，与其他清真寺建筑有所不同。它的设计巧妙得当，是将大门与后部的望月楼结合在一起，组合成一个整体建筑，外形看上去极其精巧。大门为一座三间四柱式木牌楼，檐下有色彩鲜艳的彩画。望月楼是一座重檐攒尖顶建筑，屋顶上覆有黄琉璃瓦绿剪边，檐下的彩绘也非常鲜艳美观。

礼拜殿外景

建筑知识

[礼拜大殿侧面]

礼拜大殿是牛街清真寺内的主要建筑，它的屋顶设计形式非常独特，由三个勾连搭式殿顶和一个攒尖顶相结合。从礼拜大殿的侧面看，檐下的旋子彩画，枋心题材多种多样，总体感觉古朴淡雅。墙上的不规则花边形窗，外形精美，内部窗棂格与墙体的颜色相同，全部采用红色，整体感觉富贵典雅。

邦克楼

建筑知识

[邦克楼]

礼拜寺内的邦克楼，也称宣礼塔，坐落于礼拜大殿的正前方，是召唤教民前来礼拜的场所。邦克楼为一座方形重檐歇山式建筑，上层带回廊，下层呈砖石结构，中间设拱形大门，大门为红色，门楣上饰有精美的雕刻，整体造型优美。

结合在一起。望月楼的平面为六角形，是重檐攒尖顶建筑，二层设有回廊，屋顶为耀眼的黄色琉璃瓦绿剪边，在阳光的照耀下，显得格外醒目壮观。望月楼的功能是在旧时观看阴历月号的一种观象台，是为开斋而设的。现在有了准确的日历，当然用不上望月楼了，但望月楼在丰富牛街清真寺的建筑形象上起了很大的作用。

走过望月楼，首先映入眼帘的是寺内的礼拜大殿。礼拜大殿坐西朝东，是全寺的核心建筑，由三个勾连搭式屋顶和一座六角形攒尖顶式建筑精巧地相结合，形成丰富的屋顶造型。进入大殿，殿顶不设天花，柱、梁、枋上布满彩绘。最为引人注目、又最具特色的是室内设置多层由拱券罩组成的隔断，将整体殿堂分为几个独立的空间，使大殿内空间形成一种看似隔断，而又相互通连的空间，增加了殿内空间的层次感。这种空间设计的方法，是一种中国传统建筑与阿拉伯宗教建筑相结合的成功实例。大殿内木制的柱子和门罩上面，绘制有红地沥粉贴金的缠枝西番莲彩画，还有一些阿拉伯文字图案，色彩绚丽，光彩夺目，显得富丽堂皇，具有浓厚的伊斯兰教艺术特色。

后窑殿位于礼拜殿的后方，平面为六角形。后窑殿内设有圣龛，圣龛的样式呈牌楼式，上面雕有精致的门罩，中间还绘有一些蓝底沥粉起金线的阿拉伯文图案，设计精巧，装饰华丽。后窑殿的屋顶别具特色，设计有精美的天花藻井，与屋顶的外部结构相结合，分为六角形，上面饰有西番莲纹样及阿拉伯文图案，样式十分典雅。

礼拜殿内景

牛街礼拜寺的建筑特点是寺门位于礼拜大殿后，因此邦克楼的位置是在礼拜大殿的正前方。邦克楼是一座重檐歇山方亭建筑，根据伊斯兰教的建筑形制及特点，可知此邦克楼是用来召唤教民前来做礼拜的，因此这座楼亭又称为“宣礼塔”或“唤醒楼”。这座邦克楼与望月楼都为两层建筑，各自位于礼拜大殿的前后两方，两座大殿遥相呼应，建筑形体优美，构件上还饰有华丽的彩画，为礼拜寺增添了光彩，也为整个牛街地区增添了无限的艺术魅力。

建筑知识

［礼拜殿内景］

牛街清真寺礼拜殿内装饰华丽，殿内用装饰丰富的拱券罩形成隔断，起到很好的分隔空间的作用。红色的罩上绘有金黄色的文字图案和一些缠枝西番莲彩画，色彩艳丽夺目，显得富丽堂皇。殿内地面上的蓝、绿相间的铺地，也为整个内部空间增添了层次感。

历史百科

［礼拜寺文物］

礼拜寺内现今还保留有一批重要文物和碑刻，其中有元至元十七年（公元1280年）和元至元二十年（1283年）的两块阿拉伯文墓碑，这是为阿哈默德布尔塔尼和阿里的篩海墓立的碑文。还有明弘治九年（1496年）用汉、阿拉伯两种文字所刻的《敕赐礼拜寺记》碑，是寺内珍贵的实物资料。

涵远流长天然惊人造型艺术宝库

石窟建筑总论

中国佛教石窟的建造起源于印度，是随着佛教艺术在中国的推广和发展而出现的一种宣传佛教教义的有力途径。早在古印度孔雀王朝时代（公元前321～前187年），就有一些富豪人士，利用山势在崖壁开凿洞窟，为修行参佛的人们提供帮助。

自东汉开始凿建石窟寺以来，南北朝至隋、唐是开凿石窟寺的高峰年代，以后逐渐减少。从建筑功能上分，石窟寺可以分为以下几种类型：一种是供僧人礼拜的佛殿，有的在窟内设坛放置佛像，有的在窟内开壁佛龛塑造佛像，有

宗教文化

［维摩诘像］

敦煌莫高窟中第103窟中的唐代壁画精美细致，壁画主题为维摩诘像。据传说，维摩诘是一位有声望的大居士，智慧非凡。他主张只要心中有佛，就一定可以修成正果，所以他生活奢靡，当时的妓院、酒楼他经常出入，享受人间的快乐富贵。这幅壁画中的维摩诘像，手执羽扇，坐在胡床上，身体向前倾，正在与文殊辩论，仿佛真的在侃侃而谈。

云冈石窟第20窟

敦煌莫高窟中第103窟东壁维摩诘像

建筑知识

[莫高窟中心塔柱]

在莫高窟中，中心塔柱式窟是最为典型的窟洞形制之一，这种洞窟的典型形式是在洞窟的中央有一个直通窟顶的柱子，柱子的平面有方、圆两种形式，结合外部的不同图案形状作装饰。莫高窟中的第 302 窟的中心塔柱为上圆下方的形式，浮雕有佛像及龙的图案，并且还有以佛都为题材的彩绘，颜色鲜艳丰富。

的也在石窟中央造塔，塔壁上雕刻佛像，塔内存放佛舍利，在塔身和佛像前留有参拜的空间。另一种是供僧人修行和居住的场所，一般来说空间都较小，如甘肃敦煌莫高窟北部的一些小窟，还有山西云冈第 22 窟等。还有一种是在石窟中雕凿巨型佛像，如云冈“昙曜五窟”（第 16 至第 20 窟）等。有的则开凿露天大佛，四川凌云寺大佛，大佛通高 70 多米，经过 90 年的凿建，面临青衣江、岷江和大渡河三水交汇处，是世界上最大的露天大佛之一，使众多前来观看的人震撼不已。

中国佛教石窟艺术内容丰富，石窟内的造像、壁画、建筑、装饰图案，精美绝伦，是中国古代艺术中不可缺少的著名文化遗产，是我国古代雕刻艺术的宝库。

莫高窟中心塔柱

自在菩萨像

宗教文化

[自在菩萨像]

自在观音像面容和善慈祥，身着彩色的天衣，肩披锦带，右腿屈起，端坐在台基上。右手自然轻松地搭在膝盖上，左手轻抵台基，支撑微倾的身体，左脚自然下垂踏在莲花座上，整体造型轻松自然，无拘无束，就像他的名字一样，自由自在。

深幽峡谷辟天下神龛

大同云冈石窟

云冈石窟是中国三大石窟之一，坐落于山西省大同市西郊约16公里的武州川峡谷的北岸、云冈堡的北山上，是在北魏王朝最繁荣的时期（460～524年），由当时西域佛教高僧昙曜奉文成帝之命而开凿的，开凿的原因是北魏皇帝信崇佛，并想利用佛教来安抚民心，使国家更加强盛。

建筑知识

[云冈石窟外景]

云冈石窟位于山西大同武州山南麓，依山雕凿，所有的洞窟均随山形的起伏而设，高低参差错落。周围有葱郁的树木环绕，远观景色优美迷人。云冈石窟的大门及附近的殿宇，屋顶覆盖着蓝色和灰色的筒瓦，与大门前的红色墙壁，形成色彩对比，使灰色的窟壁，颜色不再单调，色彩变得更加美丽丰富。

云冈石窟依山开凿，现存石窟区依自然山势可分为三区，即：东区分布第1至第4窟；中区分布第5至第13窟；西区按洞窟规模又可分为东西两部分，东部分布第14至第20窟，称为大石窟区，西部分布第21至第53窟，也就是小窟群区。其中，早期佛教高僧昙曜开凿的五个石窟（第16至第20窟），就分布在西部窟群中，后世称之为“昙曜五窟”。各石窟内的石雕造像雕刻精美，是我国石雕艺术的典范，不仅历史悠久，而且具有很高的科学艺术价值，是人类文化遗产的一部分。

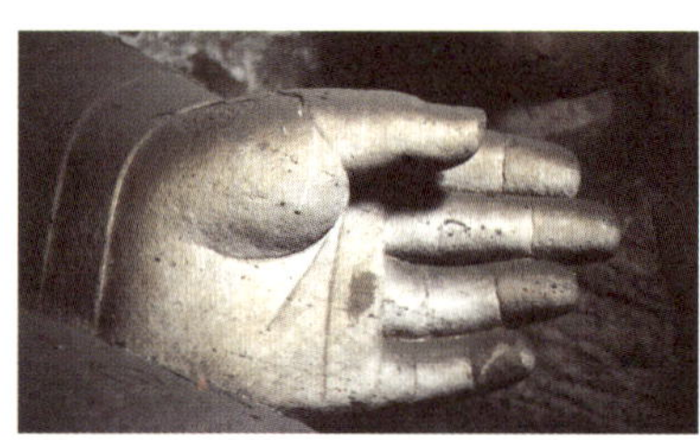

云冈石窟第2窟

云冈石窟分布的第1至第4窟中，第3窟是云冈石窟中体量最大的一个，室内由前、后两室组成，两室之间以

云冈石窟外景

建筑知识

[伎乐天雕刻]

云冈第 12 窟前室北壁上的伎乐天雕刻极其精致。各龛中的伎乐天形态均不相同，有的吹笛，有的弹琵琶，有的吹箫，有的吹奏义嘴笛等，组成多变的交互式群体，雕刻精细，栩栩如生，动感十分强烈。

北壁上的门相互连通。窟形奇特，平面呈凹字形，是云冈中绝无仅有的，也是中国石窟中所罕见的形式。洞窟后室的西壁，雕有“西方三圣”三尊雕像，是云冈石窟中惟一的唐代佛像。中央阿弥陀佛像高达 10 米，左右两侧分别是观世音和大势至菩萨。三尊雕像体态丰满，面貌圆润，衣纹流畅，雕刻非常精细，从雕刻手法上看，与云冈其他各窟中的佛像截然不同。

中区的第 5 至第 13 窟中，第 5 和第 6 窟是同期开凿的洞窟，为一对双窟，但两窟的内部构件各不相同。第 5 窟整体平面是椭圆形，穹隆窟顶，中央雕有现在释迦坐佛，像高达 17 米，是云冈石窟中最大的造像。东壁立像为过去

云冈石窟第 14 窟

云冈石窟第 12 窟前室北壁上伎乐天

燃灯佛，西壁立像为未来弥勒佛，雕刻精细，衣纹流畅，设计精致，是云冈保存最多的古窟之一。第 6 窟平面近于正方形，中央立有方形佛塔直抵窟顶，窟内的雕刻内容讲述了释迦牟尼成佛的传说故事，雕刻内容丰富，是保存最完好的一个洞窟。第 7 窟和第 8 窟、第 9 窟和第 10 窟分别为两对双窟。第 7 窟内正面弥勒佛像脚下的两只狮子雕刻最为生动，第 8 窟拱门两侧刻有三头八臂骑牛像与五头六

臂乘鸟像，雕刻生动，在中国石窟中很罕见。第9、10窟中壁面雕刻精美，东西两壁上层雕有三间式的宫殿龛，是研究我国建筑史的珍贵史料，也是佛教石窟艺术中国化的一个里程碑。第10窟的东壁上雕有“妇女厌欲出家缘”的故事，这是用高浮雕的手法雕刻，人物形象丰满，带有一定程度的夸张与变形的手法。第12窟是云冈很有文化魅力的石窟，窟内分为前、后两室，前室顶部雕刻了伎乐天，手中持有箫、笛、鼓和琵琶等乐器，吹奏的姿态非常生动。由于许多古代乐器并没有流传至今，因此这个窟深受音乐家、舞蹈家等艺术家的关注。第13窟中央雕有一尊高达13米的交脚弥勒菩萨像，还雕有一尊四臂力士，托着菩萨的手臂，造型奇特优美，极其引人注目。

最早开凿的昙曜五窟中，第18窟的主佛像是北魏太武帝，是一尊站立的佛像，居于五窟的中部，雕刻为站像是对太武帝曾经灭佛的惩罚。窟中还雕刻有观世音菩萨和

建筑知识

［高浮雕故事］

云冈第10窟中的“妇女厌欲出家缘”的故事，采用高浮雕的手法加以表现。画面颜色鲜艳，雕刻的正中是一尊结跏趺坐在须弥坐上的佛像，右下角处抬手执跪者头发的人，就是厌欲出家的妇女，这幅高浮雕，雕刻手法圆润，人物形象丰富。从整体看，雕刻手法并不是完全写实，而是夸张与写实相结合的变形雕刻手法。

云冈石窟第10窟妇女厌欲出家缘佛像

云冈石窟第 20 窟

她的弟子，弟子的形态各有不同，神态自然，栩栩如生。第 19 窟是昙曜五窟中规模最大的一个洞窟，主壁向北收缩约 5 米，与其他窟不在一条线上。雕有高达 16.8 米的主佛坐像，是云冈石窟中居于第二高的佛像。佛像面容慈祥，端庄稳静，披右袒袈裟，结跏趺坐，取“吉祥”的坐姿。第 20 窟中的露天大佛像被誉为云冈石窟中的代表作，它是第 20 窟中的主尊佛像，也是最大的佛像。因其前壁早年坍塌，使主尊和胁侍完全露天，所以人们便称之为“露天大佛”。这尊佛像雕工精细，比例适当，两耳垂肩，神情略带微笑，身体略向前倾，看起来雄伟壮观。这尊大佛集中了云冈石窟早期雕刻艺术的精华，到这里的游客们都为它的慈悲、庄严、恢宏赞叹不已。

宗教文化

[露天大佛]

云冈第 20 窟中的主佛像露天大佛，像高近 14 米，是一尊结跏趺坐像。佛像两耳垂肩，面带微笑，脸庞丰满端庄，双肩平整宽厚，双手放于趺坐的双腿上，看上去雄伟壮观。这尊佛像是标准的“三十二相”佛像，由于洞窟崩塌使佛像露天，所以被称为露天大佛，佛像雕刻生动逼真，精美无比。

云冈石窟第 18 窟观世音菩萨及弟子像

宗教文化

[观世音和弟子]

云冈昙曜五窟第 18 窟中的观世音菩萨和弟子，位于主尊佛像太武帝的两侧。观世音菩萨，是这些雕刻中最大的一尊，她细眉凤眼，嘴唇微挑，面带微笑，面容丰满，头戴花冠，冠上镶有宝珠、嵌卷草花纹，慈眉善目的菩萨造像，正是人们心中所崇拜的菩萨形象。观世音菩萨周围的众弟子，或手执莲花，或合掌，姿态各不相同。

纵观沧海石雕艺术宝库

洛阳龙门石窟

龙门石窟位于河南省洛阳市南12公里处，主要分布在伊水两岸的龙门山和香山，是我国著名的石窟艺术宝库。龙门石窟的开凿时间略晚于云冈石窟，是北魏孝文帝迁都洛阳（493年）之后开凿的，后经过东魏、西魏、北齐、北周、隋唐等多个王朝的连续营造保存至今。现存石窟约1350多座，有佛龛、佛塔、碑刻、题记和10万余座的佛教造像。

龙门石窟中的众多石窟，大多分布在伊河西岸的龙门山上，最具代表性的窟洞有宾阳洞、古阳洞、莲花洞、药方洞、万佛洞、奉先寺大佛龛等大窟，此外还有无数的小窟。大窟都为一室，小窟有的分为前后两室。窟顶多数近于圆形，中央饰有巨大的莲瓣。石窟中的佛像，大多洞中央布置释迦佛，两侧分别侍有阿难、迦叶、菩萨、天王等共计九尊，但各洞略有增减。

> 建筑知识
>
> **［奉先寺大佛龛］**
>
> 奉先寺大佛龛的主佛卢舍那佛，原来是坐佛形式，但前部有腿部及手部已经残损。两旁的弟子表情温和，菩萨造型精美，是唐代不可多得的石窟精品之作。

> 历史百科
>
> **［古阳洞北壁列龛］**
>
> 古阳洞是河南洛阳龙门石窟中开凿最早的洞窟，是在北魏时期开凿的，被称为龙门石窟的第一窟。古阳洞是北魏皇室集中开窟造像的一个区域，洞窟中的造像各式各样，据说是因为当时有多位皇帝、妃子以及将军等在这里多次开凿的缘故。古阳洞北壁上的列龛，雕饰非常华丽，既精美又完整。龛的外形设计，奇特多样，变化多端，或作屋形，或作莲瓣尖拱形等。龛内的佛像安置得当，仪态整洁安详。

龙门石窟奉先寺

古阳洞是在北魏时期开凿的，是龙门石窟中开凿最早的洞窟，位于伊河龙门西山南部，堪称龙门造像第一窟。古阳洞平面呈马蹄形，洞内的主佛释迦牟尼结跏趺坐在方台座上，面相长圆，略带微笑，衣衫层叠，右膝部分残损。背后有圆形头光和莲花瓣形背光，左右两侧分别有一个站立的菩萨，背部都有圆形头光和莲瓣火焰纹背光。

宾阳洞位于龙门西山北部，是继古阳洞之后所开凿的第2窟，开凿时间在北魏孝文帝迁都洛阳以后，是北魏在龙

古阳洞北壁列龛

建筑知识

[奉先寺修造过程]

奉先寺佛像是龙门石窟的精华所在，可称得上是中国窟寺中艺术水平最高的一组石雕作品。洞中主尊卢舍那佛，高10多米，仅耳朵就长1米多，可见这样高大的佛像，在修造过程中，肯定是云集了全国各地优秀的匠人。窟中的主像，采用了矫正视觉差的做法，主像两旁的11尊雕像同样坚实精美，根据造像的手法和特点可推知龙门奉先寺大佛龛是唐代佛窟造像的代表作。

◀ 莲花洞宝莲藻井

▼ 奉先寺修造过程

宗教文化

[莲花洞宝莲藻井]

龙门石窟莲花洞内的藻井，是一个举世无双的精美的巨型莲花。因为莲花是佛教中的吉祥物，以莲花作装饰，也是佛教石窟艺术中常见的。但像莲花洞中这样硕大精美的浮雕莲花图案却是极为罕见的。这个高浮雕莲花藻井，分为明显的三个层次，包括莲蓬、莲瓣及圆盘。莲蓬中央阴刻一圆环，再向四周发射，形成三层环带。由莲蓬向四周发射双层花瓣，在最外圈又特意加了一个圆盘，整体富丽又雅典。

门石窟开凿的最具代表性的洞窟之一。这座石窟分为三洞，且三洞造像风格各异。中洞中间主佛释迦牟尼像面相长而圆，且略带微笑，反映了北魏佛像的典型塑造手法。左右的迦叶、阿难、菩萨及侍像均立于一层莲瓣上。洞顶中央雕有大莲花瓣，莲瓣周围有10个飞天，神态优美动人。宾阳洞的雕作几乎占满了窟内壁面，非常完整，雕作风格在大方中略显精巧。

奉先寺大佛龛位于龙门石窟西山南部的山崖上，是龙门石窟中规模最大、石刻艺术最精湛的露天佛龛，是唐代石窟艺术的精华所在，可称得上是中国窟寺中艺术最高的一组石雕作品。在龙门石窟现存洞窟的1300多座中，佛龛近800个，奉先寺佛龛中虽不算很多，但它却特别闻名，主要是因为其中的佛像都是精雕细琢而成。而且是水崖相连，环境非常优美。奉先寺窟中的佛龛大约建于唐高宗咸亨三年(672年）至上元二年（675年）。洞中置主尊卢舍那佛，两旁分别有胁侍、菩萨、天王、力士等11尊雕像。主佛结跏趺坐，姿态沉静，面带微笑，高10多米，仅耳朵就长1米多。卢舍那佛背光饰有莲花，四周以小佛及火焰浮雕来衬托主佛，更显出背光的纤秀美观。两旁弟子一位是严谨持重、饱经世事的老和尚，一位是温顺文静、天真可爱的小和尚。两位弟子两侧的菩萨表情安详，天王手托宝塔，脚底下各踏一个地鬼，力士威武健壮，整个洞龛佛像造型精美，布局严谨，当年为了营造佛龛，云集了全国各地优秀的匠师进行开凿，这些佛像是唐代不可多得精品之作。

万佛洞主尊像

万佛洞位于洛阳市伊水西岸龙门山中部，开凿于唐永隆元年（680年）。洞窟的南北两壁刻有15000尊佛像，因此名为万佛洞。洞内的主要雕像群为一佛二弟子二菩萨二天王和二力士。主尊阿弥陀佛位于窟内西壁的中央，佛像结跏趺端坐在束腰八角莲花须弥座上，有四个接近于圆雕的高浮雕力士，用头顶和手托举着仰莲座。南北两壁有1500尊飞天翩翩起舞，形态生动。洞窟外还有一尊观音像，表现出一种楚楚动人的姿态。

龙门石窟是中国著名的佛教艺术宝库之一，奉先寺大卢舍那像是龙门石窟的精华所在，参观过奉先寺的游客，都对这座石窟寺赞不绝口。

建筑知识

［万佛洞主尊像］

万佛洞主尊像阿弥陀佛，像高4米，两旁分立迦叶、阿难、观音菩萨和大势至菩萨。主佛像顶部为一个莲瓣形尖拱门，上部的墙壁上，凿有多个小佛像，从外观看主次分明，墙体雕凿充实。

扑朔迷离集艺术之精华

四川大足石窟

大足石窟是在唐朝初期永徽年间（650～655年）开凿的，距今已有1300多年的历史。分布在四川省大足县境内，石窟近百处，造像达5万多尊。还有一部分是用四川特有的红砂岩雕刻而成的摩崖造像，造像的题材大多以佛教内容为主，但也有儒、道教造像，在其他石窟中，把佛、儒、道教合为一体的是很少见的，这也是大足石窟吸引人的一方面。

在大足石窟中，最具代表性的地区石窟有北山、宝顶山、石篆山、石门山等，其中北山石窟和宝顶山石窟，是规模最为宏大的石窟。

北山石窟坐落在大足县城北面1.5公里处，是在唐代晚期开凿的，后在五代、宋代都有扩建开凿，也有在明清时期补刻的。北山石窟内约有290多个龛窟，造像3000余尊，其特征精巧优美，丰富无比。龛内造像题材丰富，有佛教密宗、净土宗、禅宗等许多教派的造像。窟内造像种类最多的是世俗供养人，具有很强的写实性，被人们称为“唐宋石刻陈列馆”。

北山佛湾第155号孔雀明王像右侧局部

[北山 10 号窟迦叶及观音像]

迦叶和观音像，位于大足北山石窟第 10 号窟释迦牟尼佛左边。迦叶高约 1.5 米，头部后侧有一个圆形开光盘，面带微笑，表情和善。观音菩萨像高约 1.8 米，头戴金色的帽子，头部后侧有一个桃形装饰。上部及周边还凿有飞天像和十方佛，它们均衣饰简朴，线条柔美，朴实刚健。

北山佛湾第 10 号龛释迦牟尼龛左侧迦叶及观音像

北山石窟大体可分为五个造像点，即佛湾、观音坡、佛耳岩、营盘坡和北塔坡。佛湾造像是五个造像点中数量最多、最集中的造像点，它位于北山的最高处，是北山石窟的中心点。佛湾造像题材丰富，做工精细。大足北山第 9 号窟内的千手千眼观音像，是大足石刻中出现较多的一类雕像。观音像共有 42 只手臂，胸前两手合十，肩上两手放于头顶举小佛像，其余各手分置左右两边。头部的飞天像，体态优美动人，雕塑精巧细腻，整体造型巧妙美观。

第9号窟的千手千眼观音经变龛制作非常精美，端坐于金刚宝座上，头戴花冠，身穿天衣。观音全身共有42只手，左右各20只，胸前还有两手合掌，面部有三只眼睛，左右两侧的20只手上各有一只眼睛。据传说，观音两侧的40只手和手上的眼睛，分别代表着25种因果报应，因此取名为“千手千眼”。佛湾第122窟龛中的主要造像是诃利帝母，又称“鬼子母”、“双喜母”。诃利帝母坐在中国式的龙头背椅上，身穿敞袖圆领华服，脚穿云头鞋，用左手抱扶着一个小孩，她的左右两侧分别立有身穿宫服的侍女，非常精美。

▲ 北山佛湾第9号龛千手观音像顶部

宗教文化

[大足石窟的兴建背景]

唐代佛教与佛教艺术兴盛，晚唐之后，进入五代十国时期，南方西蜀和南唐等地区，社会秩序相对稳定，经济也较为繁荣，加上大批文人匠师南下避难，使凿窟造像再度兴盛，大足石窟就是在这时凿建兴起的。

宝顶山石窟规模宏大，内容丰富，洞窟中的造像，以有连贯的情节为其主要特色。宝顶山石窟以形若马蹄的大佛湾为主体，小佛湾为中心，现存造像30多尊，布置精美，内容相互衔接，好像一幅巨大的画卷，内容丰富集中。主要由两部分组成，左边是禅宗造像，有圆觉洞、辟支佛等；右边是理教造像，有护法神、八十八佛、千手观音、父母恩重经、佛报恩经、极乐图等，其中护法神和千手观音是最典型的。

除此之外，宝

顶山大佛湾还有一处摩崖造像，就是“释迦涅槃”，俗称卧佛像，规模十分宏大，侧身高 7 米多，半身像长 30 多米，可称得上是世界上最大的半身石刻佛像。这尊佛像依山崖开凿而成，大佛的前部及上部还雕有众弟子以及释迦的亲属等雕像，整体表现的是释迦牟尼涅槃时的情景，佛窟场面显得肃穆庄重。

宝顶山大佛湾的第 16 窟龛，是最有特色且造像题材新颖的一个窟龛，窟内的造像主题为风伯、雷公、电母、云

▲ 大足石窟兽刻

宗教文化

[九护法神群雕]

九护法神群雕位于大佛湾进门口处右侧。站在宝顶正觉洞外看群雕造像，长长的崖壁上，八大护法天王与佛陀化身共九位神像，形态各异地立于佛龛之上，再加上龛壁及底座上雕刻的各种人物及神王像，整个佛龛情节非常丰富。

▼ 大足宝顶从正觉洞外看护法神造像群雕

▲ 宝顶释迦涅槃圣迹

宗教文化

[宝顶释迦涅槃圣迹]

大足宝顶山石窟的“释迦涅槃”像，俗称卧佛像，卧佛的形式惟释迦佛所独有，表现的是释迦牟尼涅槃时的情景。这座卧佛像是依山而凿，大佛闭目而卧，虽只雕出了上身，但身体长度已有30多米。佛像上部及前方，还分凿有众弟子及释迦牟尼的亲人，整个佛龛场景非常严肃。

神、雨师等五尊主要天神，这个窟被称为“天罚龛”。天罚龛高达7米、宽达9米，天神分别雕刻于龛内的左右两侧，除了五尊天神像外，还有许多人物造像，刻画得细致入微，活灵活现，同时也给了人们一些启发。

大足宝顶

大足宝顶山第 8 号千手千眼观音像局部

大足宝顶华严三圣塑像

宗教文化

[宝顶华严三圣像]

华严三圣即指毗卢舍那佛与普贤、文殊两胁侍菩萨。窟洞凿于南宋年间，三座神像均下踏莲台，上顶崖壁，宽衣博袖，主尊于正中，两侧普贤菩萨手持舍利塔，文殊菩萨手托七重宝塔。

宝顶石窟及四周分布的许多造像，包括龙头山、对面佛、倒塔、龙潭等，不仅表现了匠师的高超技艺和构思，本身还具有很高的艺术观赏价值，是我国石刻艺术的宝库。

凿巨像之先河彩塑名中华

敦煌莫高窟

敦煌莫高窟，俗称千佛洞，位于甘肃省敦煌市区东南约20多公里处的鸣沙山脚下，是世界上现存伟大的佛教艺术宝库。莫高窟始凿于十六国时期，洞窟开凿在鸣沙山东麓南北长600多米的崖壁上，又经五代、宋、西夏、元各朝代不断凿建，规模逐渐扩大。现存的洞窟有490多个，壁画4万多平方米，彩塑2000多尊，内容十分丰富。

崖壁上的莫高窟，上下分为五层，高低错落，左右相邻，十分壮观。莫高窟自兴建以来，就是集建筑、彩塑、壁画于一体的佛教艺术石窟，其中，最为突出的就是彩塑艺术。彩塑主要表现的是佛教中的人物，其中有高30多米的大佛，还

建筑知识

[阿难和菩萨]

甘肃敦煌莫高窟第109窟中的阿难和菩萨天王塑像，他们均为中唐时期所开凿的佳品。左侧的菩萨像，如同贵妇一般，脸颊丰润，身体各个部位的雕刻，都力求一种饱满而丰腴的效果。两尊塑像所穿的衣衫，明显地表现出唐代雕塑的特点。

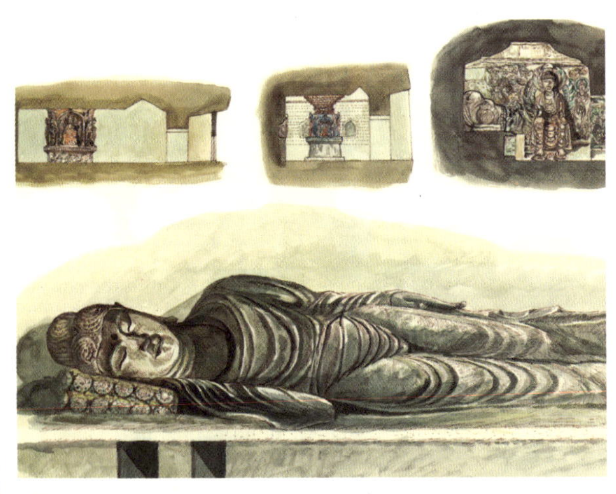

莫高窟第158窟涅槃佛

莫高窟第159窟阿难和菩萨天王

有小到十几厘米的菩萨，虽历经1000多个春秋，但现今保存下来的彩塑仍十分出色。

莫高窟最初的彩塑大多是单身，在众多的单身造像中，以弥勒佛为主尊的造像最为典型。此后，在彩塑风格的不断发展中，单身造像逐渐减少，以多尊造像组合在一起的彩塑逐渐增多。隋代时期是彩塑发展最辉煌的时期，它延续了前代彩塑的艺术风格，但彩塑造型有所改变，而且在题材上也有很大的转变。其中，最为突出的是在窟内置三铺高大立像，构成九尊大佛，开创了窟内巨像之先河。唐代时期的彩塑，是莫高窟的一个高峰期，在整个莫高窟中是数一数二的，可以说整个莫高窟的造像都是唐代时期的杰作。最有代表性的彩塑洞窟，要数第96窟中的高30多米的弥勒坐像，是现存最高的泥塑造像；还有第130窟中高20多米的弥勒佛坐像，造于唐开元年间（713～741年），洞窟是根据佛像的造型而开凿的，上宽下窄，佛像显得雄伟壮观。此外，还有其他许多洞窟，也是非常具有代表性的。唐代时期的彩塑，在最初的佛、胁侍、菩萨及弟子的基础上，又增添了护法天王、力士及许多供养菩萨。其中的供养菩萨像，最具艺术魅力，她们具有真人般的身高，面容慈善美观，表现得活灵活现。莫高窟在五代、宋初时期的彩塑，延续了唐代时期彩塑的风格，以丰盈华丽为主，但现存下来的并不多，只有第55窟中的一铺塑像保存较为完整，窟内造像多达

莫高窟第130窟弥勒佛胸像

建筑知识

[弥勒佛像]

敦煌莫高窟第 130 窟是盛唐时期所开凿的洞窟。在莫高窟现存的彩塑中，以唐代的造像最为精美。现存的几尊大佛像，几乎全都是唐代所塑。这个洞窟中的弥勒佛坐像高达 26 米，为石胎泥塑，气势非常雄伟。

十几尊，其中包括佛、菩萨、天王、力士等，整体规模宏大无比。

莫高窟壁画又称为敦煌壁画，几乎在所有的石窟中都可以看到。莫高窟现存的壁画多达 4 万平方米，壁画内容十分丰富，其中包括佛经故事画、本生故事画、经变画、佛教史迹画、供养人画等，还有各式各样的装饰图案、古建筑图画、生活画以及反映中外经济文化交流场面的画等，展示了中国古代千百年的社会历史背景。

敦煌莫高窟艺术宝库，经历了千百年的风雨，虽损坏了很多，但保留下来的彩塑与壁画却是无与伦比的，是不可多得的佛教艺术宝库中的精品。

莫高窟的早期壁画，主要以本生故事为主，还有少部分的经变画，大多都绘在窟顶。唐代时期的壁画则是以经变画为主，共计有一千多幅，主体突出，内容丰富。到五代、宋初时期，也以经变画为主，但并没有突出的特征。在西夏时期，经变画就比较少见了，而且没有唐代时期的壁画显得生动，相比而言构图也很拘谨，画面有些呆板。元代时期的壁画以密宗最为典型，譬如，位于北端的第 465 窟，窟顶绘有以大日如来为中心的五方佛，四壁还满绘各种金刚斗法的场面，周围还绘有天王、禽兽等。这里的壁画历史悠久，绘制精美，具有很高的艺术价值。

▲ 莫高窟第 275 窟室内

景艺皆优崖壁见神工

天水麦积山石窟

举世闻名的麦积山石窟位于甘肃省天水市东南40多公里的麦积山上，与云冈石窟、龙门石窟和敦煌石窟齐名，都是我国古代佛教石窟。

麦积山石窟始凿于魏晋十六国后秦时期（384～417年），开凿位置在山峰南面的峭壁上，分为东西两部分。东部主要以北朝时期开凿的上中下三层和七佛阁组成；西部主要以密集的十几层石窟组成。现存洞窟有一百多个，石雕、泥塑像多达七千尊。麦积山石窟的建筑主要是在崖体上凿洞嵌梁，在这些基础上再修筑栈道与棚檐、廊、阁，有的在凿洞造龛时留出基石作为窟檐的顶托。如北魏开凿的东崖涅槃窟，窟前有四根石柱，柱头有莲瓣浮雕，设计构思非常精巧。在北周保定、天和年间（561～571年）开凿的东崖第4号窟上的七佛阁，龛内为一佛、二胁侍、左右壁各三尊菩萨立像，在距地50米的悬崖峭壁上开凿出汉式七间八柱的崖阁，门前还留有宽敞的走廊，设计独特精美。

麦积山石窟是一座集雕塑、绘画、石雕和建筑

建筑知识

[麦积山石窟外景]

位于甘肃省天水市的麦积山石窟，又称麦积崖，是秦岭西端万山丛中一座巨大的石峰，始凿于十六国后秦时期。麦积山石窟崖壁无比险峻，所有的洞窟都建在崖壁上，因此崖边设有起辅助作用的栈道，精妙而独特的设计，让我们不由得感叹古代艺术家们鬼斧神工般的高超技艺。

天水麦积山外景

于一体的艺术宫殿。在众多不同时期的石窟作品中，北朝时期的作品相对较多，但发展最为成熟的要属北魏中期的作品。北魏早期塑像继承了外来佛教造像艺术的特征，最有代表性的泥塑洞窟有第 74 窟和第 78 窟，窟中的塑像造型肩搭披帛，袒裸上身，极富异国风情，是早期塑像的典型作品。在北周时期，麦积山石窟中的泥塑，在艺术风格上开辟了新天地。这一时期的造像大多脸形为圆、体形匀称、面容亲切，其中最为典型的造像洞窟是第 4 窟和第 62 窟。第 62 窟中有 12 尊精美的塑像，形象地表现出了佛的慈祥和大度。窟中的菩萨秀美典雅，外观装饰十分华丽，给人一种富贵之感。

隋唐时期的泥塑，在北周塑像的风格基础上，又开创了新的风格。这一时期的塑像大多都是面容饱满，体型高大，衣饰华丽。其中，最具代表性的是第 13 窟中的摩崖石胎泥塑大佛像和第 5 窟中的踏牛天王塑像。第 13 窟中的主尊是释迦牟尼像，高达 16 米，两侧分别立有菩萨，他们面带微笑地站在崖面上，气宇轩昂，可称得上是麦积山大型雕像的代表作。第 5 窟牛儿堂中窟前廊的踏牛天王，与第 13 窟中的塑像一样，也是一组精美的唐代艺术杰作。踏牛天王头戴锥状宝冠，身穿铠甲战袍，两眼睁得很大，胡须相连，紧握双拳，平举着双臂，昂首挺胸站在一只牛犊身上，好像一位英勇战斗的将军一样。脚下的牛犊昂首而卧，看起来天真顽皮，深受人们的喜爱。

麦积山石窟中，宋朝时期的塑像也十分出色。现存完好的一百多件宋代作品中，

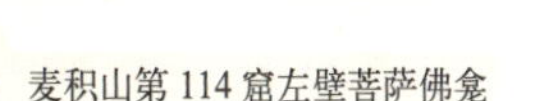
麦积山第 114 窟左壁菩萨佛龛

天水麦积山

历史百科

[菩萨佛龛]

麦积山石窟第 114 窟中左壁的菩萨佛龛，创凿于北魏时期。窟壁中的两尊菩萨像，一位端坐在方形的石台上，一位身躯优美，站于圆形石台上。他们的表情均面带微笑，衣衫线条自然流畅，塑造得生动无比。

建筑知识

[天王踏牛]

麦积山第5窟的踏牛天王，是一组精美的唐代艺术作品。天王名为"摩醯首罗天"，身穿铠甲，威武挺拔，脚踏于牛背之上。脚下的牛犊，目视前方，昂首而卧，双脚蜷曲在地上，看表情好像在挣扎欲起，表现得淋漓尽致，活像一头天真顽皮而又倔强矫健的童牛。雕塑的精美，形象地表现了牛的性格特征，深受人们的喜爱，曾被称为"金蹄银角犊儿"。这样精致的雕刻，不愧是在石窟艺术中由历史保存下来的杰作。

麦积山第5窟天王踏牛

天水麦积山第9窟

历史百科

[第5窟廊正壁右侧佛龛]

隋朝时期，在麦积山崖面中部没有空余空间的情况下，人们在崖面最高处，与北周第4窟相邻，开凿了又一座宏伟壮观的第5窟。窟正壁右侧的佛龛，正中为一坐佛，面容慈祥，头部后侧有绿色的圆光。主佛两侧为两位弟子，其中主像左侧的一位弟子，面带微笑，目光慈祥，表现出一种与世俗和谐的神态。

麦积山第5窟廊正壁右侧佛龛

大多都是精品中的精品，其最明显的特征是纤巧流畅，外形逼真，与现实相接近。最能代表这一时期造像风格的是第165窟中的群体造像和第191窟中的野兽雄狮等。第191窟中的雄狮，凶猛威武的特征表现得淋漓尽致，可称得上是野兽题材作品中的优秀代表。

麦积山石窟中，不仅泥塑艺术和古建筑艺术非常出色，而且石雕艺术和壁画艺术也毫不逊色。在麦积山所有石雕中，规模最大的是第133窟的万佛洞。窟里现存有18块北朝造像石碑，碑上雕刻有四千多个佛像，因此，称为万佛洞。

麦积山第 13 窟摩崖大像

历史百科

[摩崖大像]

麦积山东崖第 13 窟形制为摩崖大像，龛内有三尊石胎泥塑的大像，均始凿于隋代时期。中部的释迦牟尼像，高达 16 米，为一尊倚坐佛。两侧各立有一尊胁侍菩萨像。虽为站像，但仍然没有坐佛高大，不过却具有隋代造像结实敦厚、造型简洁明快的特点。这三尊佛像，经历了多年的风雨袭击，也经过历代的多次重修，但目前仍保留着隋代石窟造像的特点。

碑刻构图严谨和谐，内容丰富，造型生动，其中，最为著名的是第 1 号、10 号、13 号、16 号石碑，第 11 号石碑造像，满饰精美的浮雕，造型生动逼真，也非常美观。

麦积山壁画规模宏大，以佛传故事、经变故事以及中国古老神话传说等为题材。西崖第 127 窟壁画，是麦积山石窟保存壁画最多、内容最丰富的一个洞窟。窟中四壁及藻井满布北魏彩绘，色彩浓郁，风格清新，线条流畅，颇具南朝画风。这些壁画虽历经一千五百个春秋，但色泽鲜艳，浓淡如新。

寻古探幽高耸云端觅涵蕴

古塔建筑总论

塔，最早源于印度，梵文为 stupa，原意是坟冢、圆丘。东汉时，塔随着佛教传入中国，是佛教的一种独特的建筑形式，本来是埋葬死者的坟墓，最初的建筑构造是用土和砖垒砌，其外形像一个倒扣的圆底锅，后来逐渐成为佛教徒收藏佛像、佛舍利、佛经、僧人遗体的特殊建筑，造型也逐渐有所转变。

在东方尤其是中国，佛塔的变化很大，佛塔的种类和形式也变得越来越多。塔结合中国传统的建筑方式，在不同的年代，创造了多种不同的形式和种类，概括地说可分为楼阁式塔、密檐塔、花式塔、亭阁式塔、金刚宝座塔、覆钵式塔、过街式塔、经幢式塔等。中国的这些佛塔，内部不但可以供奉佛像，像楼阁式塔还可以层层高攀，登至塔顶，眺望远方，增加了佛塔的

历史百科

[银山塔林]

银山塔林又称“铁壁银山”，位于北京昌平天寿山东北的银山南麓，这里树木繁茂，群山起伏，景色颇为迷人。塔林里矗立着多座高低不等的灵塔，曾有“银山宝塔数不清”的说法。现仅存辽金时期的五座密檐式砖塔和元代时期的十几座小塔，在青山绿树的衬托下，古塔林立，座座俊秀挺拔，显示着历史的足迹。

北京银山塔林

山西应县木塔透视图

建筑知识

[应县木塔]

应县木塔是一座楼阁式塔，也是我国现存历史悠久的木结构建筑物。木塔总高约68米，坐落在高4米的两层台基上，平面为八角形，从外观看是六层檐，但内部实为九层。木塔外观一个最引人注目的特点，就是全塔共用斗栱50多种，形制可谓丰富多样。塔整体比例适当，外形稳重庄严，是研究我国古代高层木构建筑结构和形式的珍贵实物。

功能。塔的类型虽千变万化，但万变不离其宗，一般都是由地宫、塔基、塔身、塔刹四部分组成，有的塔是由塔基、塔身、塔刹三部分组成。其中地宫和塔身是中国特有的创造，并非源自印度。

交相辉映精巧别致

永安寺白塔

在北京北海公园太液池中的琼华岛上，矗立着一座白色的覆钵式喇嘛塔，它坐落在永安寺的最高处，因此，被称为永安寺白塔。

永安寺白塔始建于清代顺治八年（1651 年）。塔身通高 50 多米，全部为砖木石结构，由塔基、塔身、宝顶三部分组成，四周有汉白玉石栏杆围绕。塔基为一层高大的“亚”字形的须弥座，须弥座上有三层圆台，上放有覆钵式塔身。塔身周围设有 306 个通风孔，以防塔内的木料潮湿损坏。在覆钵式塔身的正面，有一个壶门形的塔门，又称为“眼光门”，也被称为“时轮金刚门”。门的上部形状像一朵莲花，两层相绕，两层的中间有黄色的如意纹图案相互连接。门的正中部，刻有一组别有特色的文字，由八个梵文字竖写叠错而成，也就是所谓的“十相自在图”，象征着“吉祥如意”的意思。在西藏的寺塔中，有多数寺塔也采用这样的文字作为装饰，但在北京的覆钵式喇嘛塔中比较少见，据说这组字图是清代藏传佛教领袖章嘉国师亲手书写的，具有一定的意义。

琼华岛白塔远景

在覆钵式塔身的塔肚上方有一层小型的“亚”字形座，座上立有十三层相轮，也称为“十三天”，具有清代喇嘛塔的特征，也是区分塔的建筑年代的重要标志。根据历史记载，元代覆钵式塔的相轮部分，上下直径相差非常大，整体外形显得精壮而稳重，而且主要突出十三层的相轮部分；到明代时，塔的相轮部分有所转变，上下直径之差比元代

建筑知识

[琼华岛白塔]

站在北京北海公园琼华岛上，仰望岛上的白塔，高耸入云，犹如玉宇琼楼般，矗立在琼华岛的顶端。登上塔下的高台向远处眺望，北京古都风貌尽收眼底，令人产生无限的遐想。这座白塔通高五十多米，全部为砖木石结构组成，使人不得不发自内心地赞叹中国古典建筑艺术的高超技艺，更加赞叹古都北京美丽的风貌。

北海白塔佛龛

时缩小；清代时塔的相轮部分上下直径基本相同，从视觉上看，只有一小部分的差距，并且突出部位是覆钵式塔身和正中的眼光门部位。因此，这座塔根据此推断可以知道是清代时期建立的。

十三层相轮循序向上依次排列，在相轮的顶端有铜铸镏金的地盘、天盘、日、半月和火焰。天盘直径约3米，地盘则比天盘更大，约有两千公斤重，周围悬挂有十六个铜制风铃，每当风吹来时，风铃会响起悦耳的铃声，优美动听。地盘天盘上都有镂空装饰，天盘上部的日、月、火焰在阳光的照耀下，金光闪闪，色彩迷人，吸引了众多来这里参观的游客。

白塔在康熙年间，由于地震造成了破坏，后来进行了重修。在雍正八年（1730年）又对白塔进行了重修，并树立了碑文作为纪念。现今的白塔，由于在北海公园的最高处，因此已经成为北海公园的标志。站在远处，眺望白塔，塔与琼华岛上的景物交相辉映，自然而和谐，美丽而壮观。

宗教文化

［壶门形塔门］

白塔的正面，有一个外形为莲花状的壶门，也叫做眼光门。它的设计精巧别致，外有两层莲花瓣形组成，中间以黄色作底，上面镶嵌蓝色的缠枝花纹。内层莲瓣，周圈镶嵌圆形装饰，以黄蓝相间，像断了线的珠子一样，排列紧密。正中凹入部位所饰的文字非常特别，是由八个梵文字竖写叠错而成，有吉祥如意的美好寓意。

北海白塔

深山幽谷现历史春秋

嵩岳寺塔

嵩岳寺塔是我国现存最古老的密檐式砖塔，也是十二边形平面的塔的孤例。这座塔位于河南省登封县西北约6公里的太室山南麓的嵩岳寺内，据推测始建于北魏正光四年(523年)。

嵩岳寺塔平面呈正十二角形，高约40米，塔身约占全塔总高的三分之一，其余三分之二部分为塔身以上的十五层塔檐和檐刹。密檐层由下向上逐渐内收变密，形成一条抛物线的形状，使塔的外轮廓显得优美秀丽。

嵩岳寺塔的塔身，中间用叠涩腰檐将其分为上下两部分。下部东南西北四面各开有圆券门，其他各面都为砖砌的壁体。塔身上部与下部对应，也在东南西北各面开门，中间腰檐处断开，用物件相隔。这四个拱门是塔的入口，可通往中央塔室，估计原塔内部每层都有楼板，可以自下而上直登顶部，现已摧毁无存。其他八面各砌有一座单层方塔状壁龛，壁面突出。方塔正中偏下处，开有一火焰式拱窗，窗下砌有两个壶门，壶门内雕有狮子，精巧动人。拱窗上部砌有三层出檐，檐的上部，对称砌有火焰图形。全塔十二面的转角处，各砌有六角形垂莲式倚柱，柱下有平台和覆盆柱基，柱上施有火焰宝珠与覆莲。这部分所砌的图案，使壁画产生凹凸不平的感觉，与下部光滑的壁画形成鲜明的对比。

塔身上部的十五层密檐中，每两层之间砌矮壁，壁面中央砌有一圆券拱门，两侧各有一个直棂窗，其中，最上层仅有直棂窗无券门，共计492个。在这些直棂窗中，只有塔正南方的第一、三、五、七、十一、十三等七层矮壁上的窗为真窗，供塔内采光通风用。其他各层都是起到装饰作用的浮雕假窗。密檐上立有塔刹，由仰覆莲、鱼肚形七重相轮、圆形宝顶等组成，与整个塔一样，也是由下向上逐渐收缩，两者相互呼应，使整座塔看起来和谐壮观。

这座塔的塔身虽全部用青砖黄泥砌成，但经历一千几百余年沧桑，仍屹立在崇山峻岭之中，在中国建筑史上占有光辉灿烂的一页。

嵩岳寺塔

建筑知识

[嵩岳寺塔]

坐落于河南登封县的嵩岳寺塔，是我国现存最古老的密檐式砖塔。塔整体由下到上逐渐收缩，塔身秀丽挺拔。每层檐下的小门窗层层高上，打破了塔身的单调，形成节节上升的韵律感。

玲珑清秀别致引人入胜

临济寺澄灵塔

临济寺澄灵塔位于河北省正定县城内，俗称青塔。由于晚唐时，临济寺住持义元在这里创建佛教的临济宗，因此，临济寺成为临济宗的发祥地，后来义元逝世后，在临济寺大雄宝殿前修建了这座塔，故又称衣钵塔。

澄灵塔始建于唐咸通八年（867年），在金大定年间重修，此后历代均有所修缮。现存的澄灵塔为青砖砌筑的仿木结构砖塔，内部实心，通体高达26米，平面呈八角形，看起来高耸壮观。

临济寺澄灵塔

这座塔整体坐落在一个八角形的平台上，恰巧与塔身的平面结构相符。澄灵塔的塔基也为八角形，壁面平滑，不作任何装饰。塔基上部的须弥座正面束腰处的一侧，雕有两个拱形小门，看上去精巧秀丽。束腰的上部八面全部设有砖雕仿木斗栱，雕工精细，像花朵一样有序地排列着。须弥座上为平座栏杆，上下分为两部分，下部各栏杆中间雕有菱形小孔，极有凹凸感，上部则为空的，两者形成鲜明的对比。栏杆上的莲座更加引人注目，莲花上下分为三层，各瓣相互交错排列，漂亮雅观。莲座的上部为澄灵塔的塔身，远远望去，塔身就像端坐在一朵巨大的莲花中央。塔身拐角处各设倚柱，倚柱之间循环雕有一拱门和方形假窗。拱门上部拱券上，雕有双龙戏珠的图案纹样，拱门内用高浮雕的方法砖雕有莲花，雕刻精细，足以显示当时匠师们的高超技艺。塔身上部为九级塔檐，呈密檐式，下部雕有斗栱。每层塔檐的各角都置有一个龙头形脊兽，上部悬挂有风铃，由于塔很高，只要有风吹来，上面的风铃就会左右飘动，发出悦耳动听的铃声，为这座塔增添了无限意趣，吸引来了众多到这里参观的游客。不仅塔檐部分秀丽美观，塔檐上部的塔刹也非常漂亮，整体由基座、仰莲、相轮、圆光、仰月和宝珠组成，为澄灵塔增添了无尽的风采。

澄灵塔上的斗栱、门、窗、莲座等装饰，均为精美的砖雕，砌筑精细，整体造型显得秀丽挺拔。

建筑知识

[临济寺澄灵塔]

澄灵塔位于河北省正定县城内，始建于唐咸通八年（867年），为青砖砌筑的仿木结构砖塔，塔身高耸秀丽，精美无暇。

奇妙壮观具飞动之美

天宁寺凌霄塔

天宁寺位于河北省正定县城内，当时寺院规模宏大，院内有牌坊、重门、天王殿、前殿、后殿、凌霄塔等主要建筑，自南而北依次排列。由于种种原因，天宁寺现已无存，仅存有一座高耸的凌霄塔。该塔始建于金代皇统元年（1141年），曾在1986年大修，现存的凌霄塔仍然高耸壮观。

凌霄塔通高40多米，平面呈八角形，是一座砖木混合结构的古塔。该塔属于密檐式塔，上下共分九级，下面三层为楼阁式塔，上面五层为密檐式塔，塔的各层高度均不相同，由下向上逐层递减，特别是五层以上，递减程度增加，整体给人一种极其稳定的感觉。

凌霄塔的下部砖砌部分，塔身都比较高，上面五层则相对较低。每层的塔檐下均设有斗栱，但砖砌部分斗栱与木制斗栱的风格均不相同。各层塔檐的脊兽上都悬挂有风铃，看起来漂亮美观。塔檐的上部设有塔刹，塔刹是用铁制作而成，远远望去，像枣核一样。相轮层层而上，好像在随风转动，具有一种飞动之美。塔内设有阶道，到这里来参观的游客，可通过台阶攀登而上，参观内部的景观。

凌霄塔还有一个最大的特点，那就是塔身的第四层中心部位，竖立有一根直达塔顶的木质通天柱，并且每层都用放射状八根扒梁与外搪相连，这样的结构国内现存仅此一例，非常珍贵。

天宁寺凌霄塔

历史百科

［天宁寺凌霄塔］

河北正定县天宁寺内的凌霄塔，是一座砖木混合结构的古塔，共分九级，上为密檐式砖塔，下为楼阁式塔，结构完美，比例适当，始建于金代皇统元年（1141年），整体稳定高雅。

挺拔秀丽精雕饰

永安万寿塔

永安万寿塔坐落在北京阜成门外八里庄京密引水渠西崖的山坡上，因矗立的位置在原来的慈寿寺中，因此又称慈寿寺塔。据史籍记载，万寿塔和慈寿寺均建于明代万历四年（1576 年）。后在清代乾隆年间曾重修过，但在清光绪年间因火灾被摧毁，现只存有万寿塔巍峨耸立。

万寿塔通体高约 50 多米，为八角十三层密檐式实心砖塔。整座塔身坐落在方形的高大石台上，塔基分为三层，上面是两层八角形的须弥座，在各层的束腰处都雕有佛龛。下层壶门佛龛中，各雕有一尊狮首，每龛之间雕有护法金刚像，另有轮、伞、双鱼、花等八件佛教吉祥宝物的浮雕，转角处还雕有瓶状的角柱，上面雕刻有莲花等图案，精细无比。上层佛龛中雕有佛教故事图案，形象生动，构图匀称。

万寿塔的塔身呈八角形，正面朝南。第一层的塔身比较高大，而且在塔身的八个方向各设拱券式门窗，每一个门的两旁都各雕有一窗，四门四窗依次循环，间隔有序。在大门的上方雕有许多龙戏珠的图案和坐佛像，门的两侧塑有金刚力士像。窗采用的是拱券式假窗，窗框上雕有蟠龙图案，还浮雕有文殊菩萨的坐骑狮子和普贤菩萨的坐骑大象，窗框的两侧各塑有一尊木胎泥制菩萨立像，菩萨双手合十，神态安详自然。塑像四周加以祥云相伴，看起来栩栩如生。窗框的正上方，有一尊普救众生的观音菩萨的坐像，这些精美细腻的图像，使整座塔显得庄严肃穆。

十三层塔檐檐角处都挂有铁制风铃，约有 3000 多个，塔檐的下面均用砖雕斗栱承托，每层的栱眼壁上开有佛龛，每个龛上供奉一尊铜佛像，雕刻得非常精细，形象无比生动。塔檐上部的塔刹部分，在刹座上安有葫芦形刹顶，从刹顶上垂下八条铁链连在八条垂脊上，起到了保护的作用。

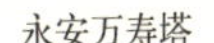
永安万寿塔

建筑知识

[永安万寿塔]

闻名而历史悠久的古都北京城内，有一座八角十三层的密檐式实心砖塔，坐落于阜成门外的八里庄。这座古塔，始建于明代万历四年（1576 年）。是北京现存最精美的古塔，塔身上的图案丰富精美，整座塔看起来玲珑秀丽，因此，周围的人们都称它为玲珑塔。

惟妙惟肖姿态生动迷人

云岗村镇岗塔

镇岗塔位于北京市丰台区长辛店云岗村的东边。这座塔建于金代，是一座花塔形式的塔。镇岗塔正面朝南，塔身为八角形，由塔基、密檐式塔身、花式塔身、塔刹四部分组成。

塔基上面的须弥座原来是两层，由于毁坏严重，重修后已经看不到原来的样子了。须弥座上设有仿木砖雕斗栱支撑塔台，栱眼壁上雕有兽头、花卉等图案，非常精美。

塔身第一层的东、西、南、北四个正面上，各雕有一座拱券式假门，其他的四面则雕有四个假窗。窗子的样式呈方形，内部采用竖向的直棂条，属于直棂形假窗。窗的设置，给塔身增添了趣味，也使人们从直觉上，感到一种虽假似真的美。塔身上方也设有仿木式斗栱，栱眼壁上的花卉图案雕刻精美，具有典型的辽、金风格。塔檐上面的瓦垄、椽头等，均是用砖仿木结构雕刻而成，看上去惟妙惟肖，十分逼真。

塔檐上面的须弥座上，坐落着七层呈环状的以楼阁式和亭阁式小塔组成的塔身。最下边一层的一圈儿设置双层楼阁式塔，每隔一座塔身，在第一层的中间，开有一座方形塔门，这些塔之间全部用围墙相连，特别像是围起来的一座城。双层楼阁式塔上方的六层中，均设有单层亭阁式塔形佛龛，它们呈错落式排列着，看起来整齐有序。每座单层亭阁式塔佛龛中，都雕刻有一尊佛像，他们有的双手合十，有的左手上举，造型都各不相同。这些双层楼阁式塔和单层亭阁式塔，周长从下到上层层收缩，呈下宽上窄的子弹头形，看上去自然而美观。

塔身上部的塔刹部分，刹座呈八角形，上面立有一个呈子弹头形的刹顶，与整座花式塔身上下呼应，看起来协调统一。镇岗塔虽经历过风风雨雨，但塔身依然坚固，昂然耸立在土岗之上。

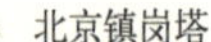
北京镇岗塔

建筑知识

［北京镇岗塔］

镇岗塔位于北京丰台长辛店云岗村的东边，是一座体态优美的花塔。塔身平面为八角形，总高18米，塔呈由下向上逐渐收缩的形式，整体像一枚下大上小的子弹头，既自然又优美。

博大精深论历史丰盛古迹

宗教建筑艺术特色

在中国博大丰富的文化宝库中，古代建筑是极重要一个组成部分。中国古代建筑历史悠久，源远流长，以其特有的丰姿在世界建筑体系中独树一帜，在世界建筑史中占有重要的地位。中国地大物博，历史留下了无数座各种类型的建筑，从单体建筑、建筑组群到城市规划，创造了许多优秀的作品，包括细部处理、家具陈设和营造思想，无不带有浓厚的民族色彩，是中华民族也是世界民族的一份珍贵遗产。

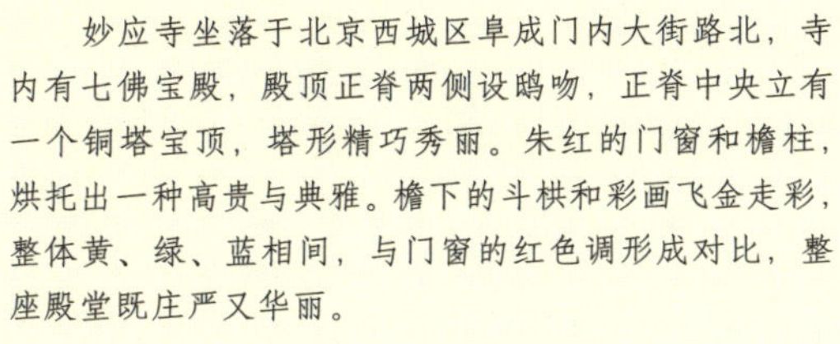

建筑知识

[妙应寺七佛宝殿]

妙应寺坐落于北京西城区阜成门内大街路北，寺内有七佛宝殿，殿顶正脊两侧设鸱吻，正脊中央立有一个铜塔宝顶，塔形精巧秀丽。朱红的门窗和檐柱，烘托出一种高贵与典雅。檐下的斗栱和彩画飞金走彩，整体黄、绿、蓝相间，与门窗的红色调形成对比，整座殿堂既庄严又华丽。

中国古建筑之美，美在深厚的内蕴，美在雄伟的气势，美在完美的组合，美在丰富的空间，美在精致的构件，美在灿烂的色彩。辽阔的神州大地，到处都留下了古建筑的精华。

中国的传统思想着重于解决现实的人生问题。佛教建筑中的佛寺，一般以传统的四合院的布局形式，数进院落都沿中轴线依次布置，主要殿堂在中轴线上。多数佛殿为了供奉佛像，在佛殿的木结构框架布置中用了减柱的方法来扩大空间。有的佛殿为多层楼阁式，内部的佛像高度竖贯多层，几乎占据了整个殿堂的高度，建筑完全按照佛像的要求建造，这也是我国佛殿的一个特点。佛殿建筑，从总体外观看，庄重肃穆，具有浓郁的宗教气息。有的重要殿堂，其建筑风格也与宫殿建筑有许多相似之处，看起来非常壮观，河北承德普宁寺的大乘阁就是一例。但佛教中的藏式喇嘛庙，与汉式建筑的风格就完全不同了，它充分结合地形，由中部建筑向两侧扩建的原则垒砌石墙，形成宫堡式的建筑群落，布达拉宫就是很好的一例。

佛教造像是佛教教义和佛教艺术的载体，从不同侧面反映了历代经济、文化和宗教的发展变化。佛教造像的种类繁多，除石雕像、木雕像、泥塑像等之外，还有石窟寺

▲ 北京妙应寺七佛宝殿

建筑知识

[妙应寺天王殿]

天王殿坐落在妙应寺山门内，面阔三间，单檐歇山顶。顶部正脊侧面，雕有花纹装饰，两端安装鸱吻。檐下的斗栱层层堆起，颜色鲜艳丰富。斗栱间还绘有花形彩画，起到了一定的点缀作用。檐下梁枋上均绘有艳丽的旋子彩画，与上部的斗栱相互呼应。正面有朱红色的门窗，庄严高贵。殿内供奉天王像，殿前设台阶，为前来游览的人们提供方便。

北京妙应寺天王殿

莫高窟第112窟南壁舞乐局部

中的各类雕像等，反映了人对佛的崇拜和敬仰。这些珍贵的佛像，是人们研究古代社会史和宗教史的具体真实的形象资料。它们雕刻精细，把人物姿态及表情刻画得生动真实，可谓是艺术中的精品。这些静美的造像艺术，已成为中华民族艺术遗产的一个有机组成部分，在世界上具有广泛的影响力。

中国是一个多民族的国家，不同的民族有不同的宗教信仰。宗教中的道教虽信奉鬼神，但其主要伦理是教育人们如何修生养性。因此道教建筑外观多朴素，造型稳重、平和。伊斯兰教的清真寺建筑，设计独特，一般都有一座很高的宣礼塔，已发展成为清真寺建筑的一个重要标志，这些清真寺建筑外部装修与内部装饰都非常精彩，总体布局及单体平面都呈现出明显的地方特色和艺术风貌。

历史百科

[飞天奏乐壁画]

敦煌莫高窟第112窟南壁上有一幅非常优美的壁画，画中表现的是众飞天奏乐的情景。其中，最为精典的场面，是右侧飞天“反弹琵琶”的动作，这一瞬间的舞姿真是精美绝伦。

宗教建筑中的石窟艺术，更是震撼世界。雕塑的品类繁多、技术精湛、具有较高的艺术性和装饰性，石窟中的造像雕塑，更具有很高的艺术价值。特别是唐代时期保留下来的作品，有很强的写实性与装饰性，雕像身躯雄健、面容丰满、衣料轻薄、衣纹疏密流畅，自然与身体贴合，体态非常优美，是艺术中的精品。除了精雕细琢、体态优美的塑像外，石窟内的壁画艺术，也是石窟中最为典型的艺术装饰，题材广泛、内容丰富、多姿多彩。壁画上的人物美丽、纯朴、自然，壁画上的图案色彩丰富，线条流畅，均是不可多得的艺术杰作。这些壁画杰作，不仅在石窟中可以看到，在佛殿、道观等宗教建筑中也可以看到。特别是在道教宫观中，壁画的内容十分丰富。永乐宫的壁画题材广泛，主要描绘的是人物和风景相互衬托的连环画，画幅庞大，情节繁多，特别是三清殿中的《朝元图》，是我国现存寺观壁画中罕见的精品之作，为我国壁画艺术增添了光辉的一页。

莫高窟第79窟菩萨

中国历史悠久，民族众多，不同的民族文化、不同的宗教信仰，形成了不一样的建筑特色。宗教建筑，以其特有的历史沉韵、宗教文化、艺术风格成为中国古建筑不可缺少的组成部分，形成了独特的建筑形象。今天的炎黄子孙，无不为这些具有重大意义的古代建筑，感到骄傲、自豪。

历史百科

[莫高窟菩萨像]

甘肃敦煌莫高窟，始凿于十六国时期，内有造像无数，有石雕、彩塑等多种形式。其中，以隋唐时期的彩塑最为精美，那时的石窟造像表现出丰满健硕的特点。莫高窟第79窟中的菩萨彩塑像菩体态丰腴，姿态优美地坐在莲花台上。表现出高超的雕塑艺术和丰富的想象力。

后记

掩卷之余，心中依然萦绕着宗教建筑这一中国传统建筑史上的另一笔神采，走近宗教建筑，历史及文化内涵带给人的岂止是震撼！

建筑并非是无声的艺术。徜徉在宗教建筑的历史长河中，时间的顺序，故事的串接，宗教建筑的演变发展，逐一清晰体现。徘徊在这些建筑的实体中，顾盼流连间，宗教建筑强烈的艺术特色早把我们征服。即使不是虔诚的宗教信徒，建筑序列所构成的那种氛围也足以让我们崇敬有加。

宗教建筑需要一些领悟，希望这本书能让您感受到更多关于宗教建筑的艺术语言。

最后要感谢著作过程中我的合作者，北京电子科技职业学院设计系副教授齐学君的配合。我还要感谢所有帮助过我的学生及朋友，没有他们的帮助，此书不会顺利完成。

参加本书照片拍摄的有：王谢燕、王其钧、杨双庆

参加本书插图绘制工作的有：王其钧、胡永召、唐琼慧、郝升飞、张栓彬、李平磊、张鹤青、金园、李仁、蒋国清、林聪、缪正、舒鸿、王丽霞、刘景波、邱兆文

参加本书资料收集、抄录、整理工作的还有：李文梅、王晓芹、杨飞、谢娟、卜艳明、马会智、吴亚君、暴彦丽、张瑞清、张爽、高晶晶、盛艳艳、刘艳、祁玲玲

参加本书版式设计工作的有：刘薇（刘桂华）、陈奎、谢燕、王雪辉、李秀云、吕怀峰、郑杰、王乐乐、李玉华、王其钧

参加本书编务工作的有：屈巧琴、李森林、张光碧、张小艳、刘彩云、雷艳玲、郑平、李增子、张美丽、张艳杰

在此一并列出表示感谢！

王谢燕

2010 年 12 月于花家地